太阳能电池材料的设计合成及性能优化研究

The Design and Synthesis of Photovoltaic Materials and Their Performance Optimization

卢 珍 著

本书数字资源

北 京
冶 金 工 业 出 版 社
2022

内 容 提 要

材料的光谱吸收、能级、载流子传输性能、溶解性及热稳定性与太阳能电池的器件效率有直接关系，器件的制备和优化对器件的性能也有很大影响。本书以材料的设计为基础，从材料结构设计和器件优化两个方面来研究材料结构和器件效率的关系。设计合成了一系列聚合物和小分子，并将得到的目标产物通过溶液旋涂的方法制备有机太阳能电池器件，考察其光伏性能。同时兼顾材料的溶解性、热稳定性和加工性等，分析材料化学结构和性能的关系，为有机太阳能电池的发展提供了一些重要依据。制备了有机-无机杂化钙钛矿太阳能电池，通过活性层界面改性来对钙钛矿太阳能电池的效率进行调控，以期开发一种简单灵活、成本低的制备钙钛矿太阳能电池的方法。

本书对于致力于有机/聚合物太阳能电池和钙钛矿太阳能电池材料的设计合成和器件效率之间关系研究的读者有一定的参考价值。

图书在版编目(CIP)数据

太阳能电池材料的设计合成及性能优化研究/卢珍著. —北京：冶金工业出版社，2022.11

ISBN 978-7-5024-9314-1

Ⅰ.①太… Ⅱ.①卢… Ⅲ.①太阳能电池—材料—研究 Ⅳ.①TM914.4

中国版本图书馆 CIP 数据核字（2022）第 192747 号

太阳能电池材料的设计合成及性能优化研究

出版发行	冶金工业出版社	电　话	(010)64027926
地　址	北京市东城区嵩祝院北巷 39 号	邮　编	100009
网　址	www.mip1953.com	电子信箱	service@ mip1953.com

责任编辑　卢 蕊　美术编辑　彭子赫　版式设计　郑小利
责任校对　梁江凤　责任印制　李玉山　窦 唯
三河市双峰印刷装订有限公司印刷
2022 年 11 月第 1 版，2022 年 11 月第 1 次印刷
710mm×1000mm　1/16；10 印张；193 千字；148 页
定价 58.00 元

投稿电话　(010)64027932　投稿信箱　tougao@cnmip.com.cn
营销中心电话　(010)64044283
冶金工业出版社天猫旗舰店　yjgycbs.tmall.com
（本书如有印装质量问题，本社营销中心负责退换）

前　言

随着对低成本可再生能源需求的日益增长，有机/聚合物太阳能电池引起人们的极大关注，其原因是相对于传统硅太阳能电池，有机/聚合物太阳能电池具有柔性好、制作容易、材料来源广泛、成本低等优点。目前，在体异质结结构的有机/聚合物太阳能电池器件中，以聚合物作为有机光伏材料活性层中的给体材料而制备的器件，最高能量转换效率已经超过 18%；而制备的叠层器件其最高转化效率已经达到 20.2%，显示出有机/聚合物太阳能电池光明的应用前景。此外，有机-无机杂化钙钛矿太阳能电池由于其较高的能量转换效率、低廉的造价和简单的制备工艺被认为是最具有发展前景的新型光伏技术。

本书以材料的设计为基础，从材料的结构设计和器件的优化两个方面来进行研究，研究材料结构和器件效率的关系。设计合成了一系列窄带隙、宽吸收的含喹喔啉单元的 D-A 型聚合物，在喹喔啉单元上引入烷氧链，解决了聚合物在室温下的溶解性问题；详细考察了其光谱、电化学、电荷传输和光伏性能。电化学测试显示聚合物有较低的 HOMO 能级，可取得较高的开路电压，含咔唑单元的 PCTQ001 达到 0.99V，这些聚合物的空穴迁移率都大于 $10^{-4}cm^2/(V \cdot s)$，作为太阳能电池的给体材料，显示了良好的性能。

设计合成了两种以三聚咔唑为核的星形结构的小分子光伏材料，三聚咔唑具有强的给电子能力，同时有较好的平面性，以其为核在外围引入强的吸电子基团，既可以延长分子的 π-π 共轭，拓宽其吸收波长范围，同时可以增强分子内部电荷转移能力。SM-1 和 SM-2 被首次合成并作为有机太阳能电池给体材料，通过其光伏性能研究，发现这两种小分子材料有较好的成膜性，光电转化效率分别达到 2.05% 和 2.29%，是目前三聚咔唑类化合物所取得的最好结果，为进一步对该类化合物的研究奠定了一定基础。

设计合成了以 2,1,3-苯并噻唑（BT）和吡咯并吡咯二酮（DPP）为核，以氟化苯基（DFB）和三苯基胺（TPA）为不同末端单元的 6 个小分子（DFP-BT-DFP、DFP-BT-TPA、TPA-BT-TPA、DFP-DPP-DFP、DFP-DPP-TPA 和 TPA-DPP-TPA）。发现以氟苯基为端基时，BT 和 DPP 基为小分子供体的 HOMO 水平逐渐降低，导致含氟苯基的有机太阳能电池获得高的开路电压。与 TPA-BT-TPA 和 TPA-DPP-TPA 相比，DFP-BT-TPA 和 DFP-DPP-TPA 共混膜的纳米相聚集性更强，这也会导致器件中更高的空穴迁移率。最终，基于 DFP-BT-TPA 和基于 DFP-DPP-TPA 的太阳能电池分别获得了 2.17% 和 1.22% 光电转化效率。研究结果表明，在小分子给体单元引入氟原子可显著增强光伏器件中小分子的纳米相聚集尺寸，这将有助于阐明有机太阳能电池中分子结构与纳米级相分离的关系。

设计合成了连有共轭侧链的聚甲基丙烯酸酯聚合物，该聚合物通过自由基聚合得到，同时考察了聚合前后小分子和对应聚合物的光伏性能，结果发现，相对应的聚合物有优于小分子的光伏性能，有较好的成膜性。通过自由基聚合获得高分子量的光伏材料，这类方法有不需要过渡金属催化剂、无残余催化剂污染、易纯化等优点，同时通过引入不影响共轭结构的主链，可以解决小分子成膜难的问题，有望开发这类分子为第三类的光伏材料，为制备新的光伏材料提供一种新途径。

钙钛矿作为一种最有前景的薄膜太阳能电池材料，如今受到广泛关注，钙钛矿膜形貌的优化控制是提高太阳能电池转化率的关键。本书通过处理空穴传输层 PEDOT∶PSS（聚 3,4-乙撑二氧噻吩和聚苯乙烯磺酸盐的混合物）来优化钙钛矿膜的形貌，SEM 和 AFM 结果表明钙钛矿活性层包含大的晶粒和较少的晶界。利用这种方法制备的器件，光电转化效率可达到 11.36%，电流密度 J_{sc} 为 21.9mA/cm^2。

作者在书中参考了诸多国内外文献，对所有文献作者表示诚挚谢意！由于作者水平有限，书中难免存在遗漏和不足之处，敬请读者朋友批评指正！

卢　珍

2022 年 6 月 13 日

目　　录

1　绪　　论

目前，化石燃料的不断消耗引起了许多环境问题，并且化石燃料存储量也在日益减少，寻找新的可替代能源已经刻不容缓。太阳能是除水能、风能、地热能外最重要的可再生能源，有数据表明，每年太阳光发射到地球的能量（5%紫外线，43%可见光，52%红外线）超过人类目前消耗总能量的几千倍[1]，可谓是取之不尽，用之不竭。利用太阳能的一种方式是将太阳光转化为电来替代传统能源。太阳能电池是通过光电效应将光能转化成电能的装置，太阳能电池又称为"太阳能芯片"或光电池，它只要被光照到，瞬间就可输出电压及电流，在物理学上称为太阳能光伏（photovoltaic）。光生伏特效应早在 19 世纪由法国的物理学家 Becquerel 发现；1954 年，美国的贝尔研究所成功地研制出第一块硅太阳能电池，转化效率达到 6%，标志着太阳能借助人工器件转化为电能成为可能[2]。

太阳能电池根据所用材料的不同可分为：硅太阳能电池；以无机盐如砷化镓Ⅲ-Ⅴ化合物、硫化镉、铜铟硒等多元化合物为材料的电池；染料敏化太阳能电池；有机太阳能电池，有机-无机杂化钙钛矿太阳能电池等。

目前实现产业化的太阳能电池主要是无机硅太阳能电池（单晶硅太阳能电池、多晶硅薄膜太阳能电池和非晶硅薄膜太阳能电池），单晶硅太阳能电池转化效率最高，技术也最为成熟，在实验室里最高的转化效率为 24.7%[3]，近乎接近理论预测的上限 30%，但由于单晶硅、多晶硅成本价格高，加工工艺复杂，降低其成本很困难；非晶硅薄膜太阳能电池虽然成本降低了很多，但由于其材料所引发的光电效应易衰退、不稳定，限制了其实际应用的前景。至于砷化镓Ⅲ-Ⅴ化合物，其材料价格昂贵；硫化镉有剧毒，会对环境造成严重的污染；铜铟硒的薄膜电池，由于铟和硒都是比较稀有的元素，材料的来源受到极大的限制。染料敏化太阳能电池（dye sensitized solar cell，简称 DSSC），在制备中需要液体电解液和高腐蚀性氧化还原介质（I_3^-/I^-），存在稳定性低、器件寿命短、会对环境造成污染等缺点[4]。从长远来看，都不是替代传统能源的最佳选择。

有机太阳能电池具有成本低、质量轻、可以大面积柔性制备、不会对环境造成污染以及来源广泛等优点，其有长远发展的潜力，为解决未来全球的能源问题提供了可能。有机太阳能电池最终能否实用化，最关键的因素是光电转化效率和器件的稳定性，而获得高性能的有机太阳能电池的关键是获得性能优异的材料。

有机太阳能电池的活性层是由作为给体材料的聚合物或小分子与作为受体材料的富勒烯衍生物或非富勒烯小分子共混形成的。有机太阳能电池在实验室的转化效率已经超过18%[5-7]，几年来，设计合成新型的给体和受体材料以及器件的加工优化，成为研究有机太阳能电池的关键问题。

此外，有机-无机杂化钙钛矿太阳能电池（perovskite solar cells，PSCs）由于其较高的能量转换效率、低廉的造价和简单的制备工艺被认为是最具有发展前景的新型光伏技术。有机-无机杂化钙钛矿太阳能电池几乎具备了太阳能电池需要的所有性质，比如：较高的光吸收系数，较低的激子束缚能，较高的载荷子迁移率，较长的激子扩散长度和易于调控的带隙。钙钛矿太阳能电池的效率在短短几年内从近4%快速地增长到了25.4%[8]，是目前为止新型太阳能电池中效率增长最快的。本书以有机太阳能电池给体材料设计和钙钛矿太阳能电池材料形貌优化为出发点，研究材料结构和器件效率以及形貌和器件效率的关系。

1.1　有机太阳能电池的发展历史

1958年，Kearns和Calvin报道了由镁酞菁（MgPc）染料夹在两个功函不同的电极之间制备的有机光伏（organic photovoltaic）器件，其电压只有200mV，能量转换效率也超低[9]。直到20世纪80年代中期前，人们都集中在对单层器件的研究，但效率都不理想，小于0.1%[10]，并认为不适合实际应用。对器件效率研究有重大突破的是1986年Tang报道的第一个双层异质结（heterjunction）结构，其器件效率达到了1%，较单层光电器件有很大提高[11]。双层异质结结构被广泛研究，但是这样的结构限制了材料的性能，是因为较短的激子扩散长度（激子只能在界面处分离）限制了活性层的厚度，进而减弱了活性层对太阳光的吸收。1991年，Hiramoto课题组制备了1个新型的三层太阳能电池器件，这个器件事实上是平面混合分子异质结太阳能电池的先导，混合层被看作第一个基于小分子的体异质结（bulk heterojuction，BHJ）有机光伏器件[12]。异质结的概念是要同时利用两种有不同电子亲和势和离子势的有机材料，如果材料的势能差大于激子的束缚能，激子便能有效地分离。异质结的概念是目前存在的三种太阳能电池的核心，包括染料敏化太阳能电池、平面有机太阳能电池即双层异质结电池和体异质结太阳能电池。1992年，Sariciftci等在Science刊物中报道了光激发共轭聚合物和受体C_{60}，导致快速有效的电子转移达到50~100fs，C_{60}具有三维共轭结构，是非常理想的电子受体[13]。同年，Yoshino等也发现了这种现象并在Solid State Communications中报道[14]。第二年，Sariciftci等制备了MEH-PPV/C_{60}双层异质结聚合物光伏电池，由于受激子扩散距离短以及给受体界面面积小的限制，其效率都小于1%[15]。1995年，Yu课题组[16]和Hall课题组[17]都制造了给受体本体聚合物太阳能电池并首次提出了体异质结的概念，使有机太阳能电池研究有了革命性的突破。体异质结（BHJ）是在给受体内部形成双连续的互穿网络结构，为光引发下在给受体界面的电荷转移提供了足够的界面和有效的途径，克服了过早的电荷复合而提高了光电响应，继而最终提高了光电转化效率。不管是双层结构还是体异质结结构都是在光诱导下引发产生激子，激子传播到两相界面，激子分离产生电子和空穴，在内建电场的影响下电子和空穴分别沿各自的通道传递，最终电子被金属负极收集，空穴被 ITO（氧化铟锡）玻璃正极所收集，产生电流。体异质结太阳能电池结构优于双层异质结太阳能电池，可以概括为以下两点：（1）最小化激子分散到给受体界面的距离，最大化给受体的接触面积，能够确保激子分散到给受体界面产生最多的自由载流子；（2）提供了电荷传输的路径，有利于电荷被对应的电极收集，完成光子能量到电能的转化。2012 年，Yang 课题组[18]首次将 PBDTT-DPP 和 P3HT（3-己基噻吩）两种聚合物电池串联组成了新电池，组合后其能吸收全部太阳光光谱，效率达到 8.62%，比单一 PBDTT-DPP 和 P3HT 电池的 6.5% 和 5.7% 都要高，这为今后的电池制备提供了新的途径[18]。随着非富勒烯的受体 Y6 的广泛应用，通过界面修饰、形貌优化、添加剂设计和多组分材料应用等，基于 PM6-Y6 器件效率已经超过了 18%[19]。体异质结结构至今为止是有机太阳能电池器件结构中效率最高、研究最为广泛的。器件的效率从 1% 提高到目前报道的最高值 20.2%[7]，显示了有机太阳能电池的潜在应用价值，为逐步实现实用化更进一步。

1.2 有机太阳能电池器件

1.2.1 有机太阳能电池的器件结构及其光电转化机理

体异质结有机太阳能结构是典型的"三明治"结构。如图 1-1 所示，ITO（tin-doped indium oxide）玻璃透光性很好，而且具有接近金属的电导率，因此在聚合物太阳能电池中常常被用作阳极。活性层夹在高功函的透明玻璃 ITO 阳极和低功函的金属阴极（Al 或者 Ag）之间，活性层由共混的给体材料和受体材料组成。形成双连续的互穿网络结构，如此大的界面能够提高电荷分离的效率，同时形成两个通道使得空穴沿给体材料传递，电子沿受体材料传递，最终被电极收集。在 ITO 玻璃电极和活性层之间往往会添加 PEDOT：PSS（poly（3,4-ethylenedioxythiophene）：poly（styrenesulfonate））层作为界面层，改善活性层和阳电极的接触；为了改善金属阴极的性质，在蒸镀 Al 电极之前通常先蒸镀 1~5nm 的 LiF 作为修饰，使活性层和阴极的接触达到欧姆接触，有利于电荷的收集。

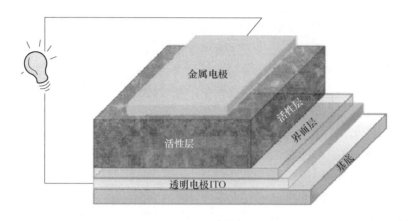

图 1-1 彩图

图 1-1 有机太阳能电池本体异质结结构[19]

从太阳光的吸收到光电流的产生，光伏器件从物理的角度所提出的机理[20]包括四个过程：（1）给体材料吸收光子产生激子（电子-空穴对）；（2）激子分散到两相界面；（3）束缚的激子在界面处发生分离产生载流子（自由的空穴和电子）；（4）载流子传输被阴阳两极吸收产生光电流。具体如图 1-2 所示。

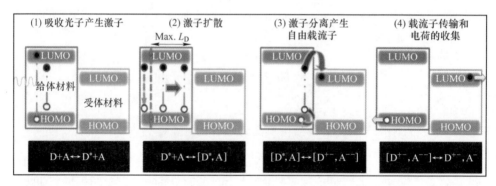

图 1-2 体异质结有机太阳能电池的工作原理[21]

（1）给体材料吸收光子产生激子。为了达到高的转化效率，有机太阳能电池的活性层应该吸收大部分的太阳光。由于有机共轭聚合物摩尔吸光系数较大（10^5），吸收太阳光就承担在了作为给体材料的聚合物上，给体材料吸收太阳光后，电子从聚合物分子最高占有轨道（HOMO）跃迁到最低空轨道（LUMO），在HOMO 轨道上形成空穴，成为可以运动的激发态；形成激子（空穴和电子对），被静电引力束缚在一起，激子是电中性的。有机材料之间的作用力为弱的分子间引力，不足以使激子发生分离，只存在于给体材料里。有机太阳能电池活性层的厚度一般在几十到几百纳米就可以有效地吸收聚合物最大波长处的光子，而无机硅太阳能电池需要几百微米的厚度，这是因为有机共轭聚合物材料相对无机硅太阳能电池来说吸收窄，只有一小部分太阳光覆盖。例如，晶体硅带隙为 1.12eV，吸收波长达 1100nm，太阳能的利用效率可达 70%，假设在材料吸收范围内能对太阳光完全吸收。聚合物太阳能电池中最常用的给体材料是 P3HT，其带隙为 1.9eV，只能吸收波长小于 650nm 的光子，太阳能利用效率只有 22.4%，而实际上由于有机材料低的电荷迁移率，在不考虑电极的反射下仅有 60% 的太阳光能被吸收[22]。可见给体材料的带隙是影响电池性能的一个重要因素，降低聚合物带隙，增大吸收波长范围，对提高吸收光子的利用率，对增加电流密度和提高能量转换效率是非常重要的。

（2）激子分散到两相界面。有机太阳能电池给体材料通过光照，吸收光子产生激子，激子有强的结合能（0.4eV），是电中性的，而不是像无机太阳能电池光照产生自由的空穴和电子，是因为有机分子间弱的分子间力把激子定域在给体材料里，有机共轭材料有低的介电常数（一般为 2~4)[22]，分子热能不足以使这些激子发生分离。有强束缚能的激子需要扩散到给受体界面上，由给受体的 LUMO 能级差的能量使其发生分离，文献中报道的差值是大于 0.3eV [23]。由于激子的扩散有长度的限制，激子扩散长度（L_D）定义为在受体表面的有效给体面的宽度。在不同的聚合物中报道的 L_D 有所不同，但范围一般在 5~20nm，通过光致发光淬灭的方法，可以推测出激子的扩散长度。文献中报道[22]的由聚噻吩和蒸镀 C_{60} 组成的异质结双层器件的激子扩散长度为 5nm，基于旋涂 C_{60} 器件的激子扩散长度为 14nm，只有在这个范围内激子到达给受体界面才能发生分离，产生自由载流子。利用体异质结结构，使两种材料共混，使得给体材料形成的微观尺度与激子扩散长度相近，尽可能地调节二者的比例，增大二者的接触面积，提高激子分散系数。一般活性层的厚度在 100nm 左右，远大于激子的扩散距离，激子的扩散距离限制了自由载流子的产生，如果激子在其寿命里没有到达界面，就会发生复合而造成能量的损失。分子的有序排列也是提高激子分散系数的重要途径，随着分子无序性的减少，激子的分散系数可以提高 1~2 个数量级，进而弥补由于激子寿命短而造成的损失，故提高有机材料的结晶性也是提高能量转换效率需要考虑的因素。所以调节给体材料与受体材料的共混比例以及改善给体材料的结晶性，对器件性能的优化、效率的提高都是非常重要的。

（3）激子在给体受体界面分离产生自由载流子。给体材料内部的激子扩散到给受体界面，由于受到强的库仑力的束缚，在没有电场的情况下是很难分离的。文献报道[24]，分离电子-空穴对 1nm 的距离需要克服 0.5eV 的库仑力，在固体分子中通过载流子产生光电流需要电场和温度共同提供的能量来克服强的库仑力。如果受束缚的电子-空穴对不能及时分离会重新回到基态，降低了激子的分离效率。据文献报道[25]，当激子分散到两相界面时，会形成一种新的过渡态叫电荷转移态（charge transfer state），这种电荷转移态在有机太阳能电池里有重要的角色，它是能否形成自由电荷的决定因素。电荷转移态的能量 E_{CT} 是由给体分子的最高占有轨道 HOMO 和受体材料分子的最低空轨道 LUMO 的能量差决定的，而这种能量差必须低于给体材料和受体材料各自激发态的能量才能形成这种电荷转移态。反之，过分增加给受体的 HOMO 和 LUMO 的能级差，也就意味着增大了 E_{CT}，大于给受体激发态的能量会阻止自由电荷的形成。器件的开路电压 V_{oc} 和给受体材料的 HOMO 和 LUMO 的能级差呈线性相关，故开路电压和 E_{CT} 是直接相关的。满足条件的情况下，激子扩散到了两相界面，这时空穴和电子之间的距离相对较远，为分子间的距离，有温度提供的热能就可以使得电子空穴对发生分离形成自由的载流子，故温度对器件的效率也有一定影响。据文献报道[26]，光学带隙能量 E_g 和电荷转移态能量 E_{CT} 的差值大于 0.1eV，有利于电荷转移态和自由载流子的形成。故在设计合成新型的材料时，既要保证材料的带隙能够吸收足够多的太阳光，还要考虑有机材料分子轨道的能级差是否匹配，激子能否扩散到界面，扩散到界面能否发生有效的分离。

（4）载流子传输和电荷的收集。光引发电子产生激子，激子扩散到两相界面，在给受体能级差的驱动下发生电荷分离，形成自由的载流子（电子和空穴），电子存在于受体材料相，而空穴留在给体材料相，在内建电场的作用下，电子和空穴沿着各自的通道传输并被电极收集，产生光电流。分离后的电子和空穴由于所带电荷的不同会产生一个与原电场相反的电场，如果分离的电子和空穴不能及时传输，就会发生复合，引起能量的损失，降低器件的效率。另外一个在传输过程中影响器件性能的因素是空穴和电子在不同给受体材料中的迁移率，纯的 $PC_{61}BM$（全称为 1-(3-ethoxycarbonyl)-propyl-1-phenyl-[6,6]-C-61）的迁移率为 $\mu_e = 2.0 \times 10^{-7}\,cm^2/(V \cdot s)$[27]，一般有机太阳能给体材料的载流子迁移率在 $10^{-5}\,cm^2/(V \cdot s)$ 左右。在异质结体系中，如果迁移率差异很大会形成空间电荷，例如空穴迁移率大于电子迁移率，就会在电池阳极聚集更多的空穴，形成与内电场相反的电场，进而降低迁移率，对光电流的产生是不利的。给体受体混合的比例会影响载流子迁移率，随着受体 PCBM 含量的增大，电子迁移率会增大并达到饱和，空穴迁移率也会增加，二者的平衡可以抑制空间电荷的产生，增大光电流，提高器件的转化效率。Li 等[28]在 2005 年的 Nature Materials 中报道 P3HT 和 PCBM 在 1∶1 的时候，电子和空穴的迁移率几乎相近（$\mu_e = 7.7 \times 10^{-5}\,cm^2/(V \cdot s)$，$\mu_h = 5.1 \times 10^{-5}\,cm^2/(V \cdot s)$），效率达到了 4.37%。

电子和空穴传输到阴阳极并被收集，产生电流。一般的有机太阳能电池中，阳极是镀有 ITO 的导电玻璃，阴极是低功函的金属 Al 或者 Ag，影响电荷收集效率的主要因素是电极处的势垒。电极材料与给受体功函匹配是至关重要的，通常对电极进行修饰实现两个电极与给受体之间分别形成欧姆接触[29]，来提高电荷的收集效率，提高光电转化效率。

1.2.2 有机太阳能电池器件的基本参数

有机太阳能电池器件的电压-电流曲线如图 1-3 所示。

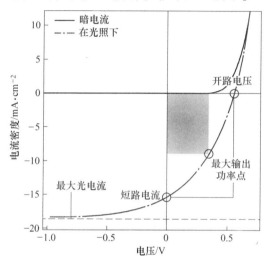

图 1-3 彩图

图 1-3 有机太阳能电池器件的电压-电流曲线[20]

有机太阳能电池的能量转换效率（power conversion efficiency，PCE）公式为

$$PCE = (P_{max}/P_{input}) \times 100\% = (V_{oc} I_{sc} FF/P_{input}) \times 100\% \quad (1-1)$$

P_{input} 是入射光的能量，与入射光的强度有关，固定的光源是一定值。能量转换效率与开路电压 V_{oc}、短路电流 I_{sc}（或短路电流密度 J_{sc}）和填充因子 FF（fill factor）有关，下面分别介绍这些关键参数。

在光照的条件下，当电流为 0 时，所对应的电压为开路电压（V_{oc}），开路电压与给体材料的 HOMO 能级和受体材料的 LUMO 能级呈线性相关[30-31]，理论上来说，相对低的 HOMO 会得到高的开路电压，但是由于给体材料和受体材料之间有一个最低的 LUMO，能级差必须大于 0.3eV 时才有利于激子的分离和传输，给体材料的 LUMO 能级限制了其 HOMO 能级不能太低。例如，受体材料 PC$_{61}$BM 的 LUMO 能级为-4.2eV，这样给体材料的最低 LUMO 能级必须为-3.9eV，再低的 HOMO 能级势必会扩大给体材料的带隙，会降低对太阳光的吸收能力。开路电压除了和给体材料的 HOMO 能级有关之外，还被其他因素影响：文献报道，开路电压还受给体材料的侧链、分子间的距离以及体异质结太阳能电池活性层形貌的影响等[32-34]。

短路电流 I_{sc} 是当电压为 0 时对应的电流，短路电流与光引发下电荷载流子的密度和载流子的迁移率有关，理想的状态是活性层的吸收和太阳光谱完全匹配才能产生最多的激子。常用的受体材料 $PC_{61}BM$ 在可见光区和近红外光区的吸收相对较弱，而 70% 的太阳光分布在光谱 380~900nm 范围[35]，因此对太阳光吸收的重任就落在了给体材料身上。给体材料要在这个范围有宽的强的吸收，带隙通过计算在 1.4~1.5eV 是最好的。窄带隙的给体材料能吸收更多的太阳光获得高的短路电流 I_{sc}，然而低的带隙要求提升材料的 HOMO 能级，这对获得高的开路电压是不利的。而迁移率不仅与材料有关，更与活性层的形貌紧密相关，在器件制造过程中，溶剂类型、溶剂的挥发时间、处理的温度、镀膜的方法都会对形貌造成很大影响，故想要提高短路电流，对器件形貌的控制也是极其重要的。

填充因子 FF 的公式为

$$FF = (V_{max} I_{max})/(V_{oc} I_{sc}) = P_{max}/(V_{oc} I_{sc}) \qquad (1-2)$$

V_{max} 和 I_{max} 乘积是 P_{max}，即最大输出电压和最大输出电流的乘积为最大输出功率，如图 1-3 橙色区域所示。活性层的形貌对 FF 有很大影响，优化形貌可以促进电荷的分离和传输，可以获得高的 FF。

入射光子-电子转化效率 $IPCE$（incident photon to current conversion efficiency）又称为外量子效率 EQE（external quantum efficiency），简单的定义是有效利用的光子数与入射的光子数的比值，即

$$IPCE = 有效利用的光子数 / 入射的光子数 = (1240 I_{sc})/(\lambda P_{input}) \qquad (1-3)$$

从定义可见，$IPCE$ 直接和能量转换效率相关。$IPCE$ 是反映聚合物太阳能电池对不同波长的光产生响应的重要参数。高效率的太阳能电池应该有宽的响应范围以及响应范围内较高的外量子效率。

总之，高的 PCE 是评价材料性能的关键参数，高的开路电压 1V[36-38]、短路电流密度 17.3mA/cm^2[39] 和高的填充因子 0.70[40-41] 已经在不同体异质结结构中获得，如果这些参数结合在一起，有机太阳能电池的能量转换效率可以达到 12%。但由于材料本身的性能和器件制备优化的复杂性，仍需要不断地摸索，新材料的设计合成和器件的制备优化都是目前太阳能电池亟待解决的关键问题。

1.2.3 有机太阳能电池器件的优化条件

有机太阳能电池器件活性层的形貌是影响器件性能的重要因素，活性层对太阳光的吸收、激子的产生、激子和载流子的传输等过程都与器件的形貌有直接关系，如何优化形貌也成为科研工作者关注的问题，一般通过如下手段对形貌进行调控：

（1）溶剂的选择。制备有机太阳能电池器件一般使用氯仿、甲苯、氯苯、邻二氯苯、三氯苯等。由于富勒烯衍生物（PCBM）不能溶于普通的溶剂，故限

制了这些溶剂的使用。溶剂的特性对活性层的形貌有很大影响，聚合物和 PCBM 能否达到混溶，和溶剂的选择有关系，有些溶剂对聚合物溶解性好、对富勒烯的溶解性差，富勒烯就会聚集，制备的器件形貌会因为相分离严重而影响光电转化效率[42-43]，反之亦然，这就需要在配制共混溶液时对溶剂进行选择，可以通过观察和排查的方法进行筛选，也可以做小量平行实验择优选取。同时溶剂的蒸汽压也会影响电池的性能，蒸汽压高的溶剂可使活性层进行自组装，得到适当的相分离尺度的形貌。

（2）退火。通过退火也可以对器件的形貌进行调控。热退火会使器件的形貌发生大的改变，提高聚合物的规整性，增加空穴的迁移率，一般会使电流密度有大幅度提高，进而提高光电转化效率。退火温度一般要高于聚合物的玻璃化转变温度，才能使聚合物链发生运动，进行重排。其中退火的温度和时间都会影响形貌的改变，温度太高以及时间太长都会造成严重的相分离，不利于激子的产生和传输。实现最佳形貌需要适宜的退火温度和时间[44-45]。

（3）添加剂。添加添加剂可以调控器件的形貌，提高器件的性能[46]。1,8-二碘辛烷（DIO）是常用的添加剂，可极大地提高电池的性能。器件性能的提高归因于添加剂的使用改变了给受体的相分离尺度，增加了载流子的迁移率。Bazan 等[47]通过考察效率达到 6.7% 的小分子（结构如图 1-13 的 H）和 $PC_{71}BM$ 共混时的器件性能，发现器件性能对添加剂的使用量是非常敏感的，电荷转移的速度随着添加剂的增加而增大，当添加剂 DIO 的含量超过 0.25%（体积分数）时，器件的性能有所下降，电荷转移的速度开始减小。器件的形貌在使用体积分数为 0.25% 的 DIO 时有最佳的相分离尺度，达到最高的光电转化效率。过多的使用 DIO 会增加形貌的相分离尺度，使给受体的界面变得很粗糙而减小电荷转移的速度，降低光电转化效率。1-氯萘（CN）是另一种添加剂，Bazan 等发现[48]，使用 CN 时恰恰与使用 DIO 时的调节作用相反，能够使给受体两相之间的相容性变好，减小两相的分离尺度，使薄膜的形貌能够在不同的条件下得到调节，这对器件形貌的调控有非常重要的意义。

1.3 有机太阳能电池给体材料的分类

体异质结有机太阳能电池研究在不到 30 年中取得了巨大成绩，光电转化效率从不到 1% 到现在的 20.2%。有机太阳能电池给体材料研究粗略分为三个阶段：第一阶段，集中在聚苯撑乙烯（PPV）类聚合物，聚（2-甲氧基-5-(2-乙基己基氧基)-苯撑乙烯）（MEH-PPV）[15] 和聚（2-甲氧基-5-(3,7-二甲基-辛氧基)-p-苯撑乙烯）（MDMO-PPV），其最高转化效率达到 3.3%[49-50]，原因是使用氯苯作溶剂，提高了两相的相容性，调控了活性层的形貌。基于 MDMO-PPV 的太阳能电池器件获得了高的开路电压 0.82V（由于相对低的 HOMO 能级-5.4eV），然而宽的带隙使其短路电流相对较低。其结构如图 1-4 所示。第二阶段，窄带隙可以获得高的短路电流，人们集中在对窄带隙聚合物的合成，立构规整的聚合物 P3HT（3-己基噻吩）被合成并被广泛研究[51]，P3HT 有相对较低的带隙（1.9eV），基于 P3HT 的体异质结太阳能电池获得了高的短路电流密度（大于 10mA/cm²），通过活性层形貌的优化，其光电转化效率达到 5.7%[45,52-53]。遗憾的是，P3HT 高的 HOMO 能级限制了其开路电压，与 PCBM 作受体材料共混获得的 V_{oc} 为 0.6V，最终限制了其总的光电转化效率[54]。由于能级和带隙直接影响器件的开路电压 V_{oc} 和短路电流密度 J_{sc}，设计窄带隙、低 HOMO 能级的聚合物成为人们关注的热点。进入第三阶段，要提高聚合物太阳能电池光电转化效率就要拓宽材料的光谱吸收范围，使材料的吸收光谱与太阳发射光谱匹配，有效降低聚合物的带隙。研究发现富电子单元（也称给体单元，donor）和缺电子单元（也称受体单元，acceptor）构成聚合物主链 D-A 结构的光伏材料，能够有效调控材料的吸收能力和能级。最近研究较多的富电子单元主要有二噻吩并苯类、二噻吩并环戊二烯类、二噻吩并噻咯类、咔唑类、芴类等，缺电子单元主要有噻吩并噻吩的酮或酯类、苯并噻二唑类、二并吡咯酮类、喹喔啉类等。目前 D-A 型结构的聚合物给体材料发展迅速，已取得了巨大成果，光电转化效率超过 17%[55]。下面就 D-A 型聚合物给体材料的结构中给体单元和受体单元的不同作简单的分类和介绍。

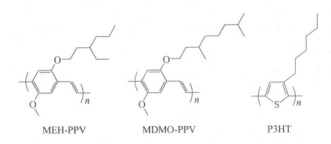

MEH-PPV　　　　　MDMO-PPV　　　　　P3HT

图 1-4　聚苯撑乙烯和聚 3-己基噻吩的结构图

1.3.1　含不同给体单元的给体材料

给体单元的给电子能力对材料的 HOMO 能级和带隙有很大的影响。稠环共轭单元相对于单芳香环的单元不仅能调节电子的属性，而且对电荷迁移率和分子间的相互作用都有很大影响。图 1-5 列出了常见的含 3 个环的共轭单元。

芴（fluorene）是 D-A 聚合物中最受欢迎的给体单元。第一，由于它有好的热稳定性和高的迁移率以及高的摩尔吸光系数，所以芴单元的合成以及 9 位碳原子的烷基化都比较易得，同时由于 9 位碳原子的烷基链不会对相邻苯环造成空间

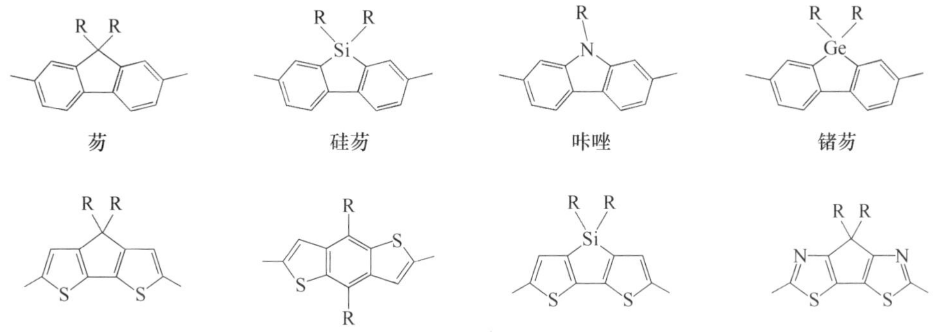

图 1-5 常见的含 3 个环的共轭单元

位阻，可以得到平面性的共轭聚合物，提高分子间的相互作用和共轭聚合物的堆积[56-58]。第二，芴单元由于自身弱的给电子能力是个相对弱的给体单元[59]，基于芴单元的许多聚合物有低的 HOMO 能级 −5.5eV，可以获得高的开路电压[60-64]。然而，基于芴的聚合物有相对宽的带隙，导致低的短路电流的产生。2011 年，Yu 报道基于芴单元的共轭聚合物 P1[65]，开路电压 0.99V，短路电流密度 7.7mA/cm^2，光电转化效率 4.2%。改变芴单元桥 C 原子为 Si，硅芴有高的电致发光效率、热稳定性和高的空穴迁移率，基于硅芴的有机太阳能电池 P2 取得 5.4%的效率[66]。用 Ge 取代 C 原子的给体单元，光伏性能并不理想，聚合物 P3 制备的太阳能电池 *PCE* 只有 2.8%[67]。用 N 取代芴单元的中心碳原子，得到咔唑，咔唑是有机太阳能电池中常用的给体单元，咔唑相对环戊二噻吩（CPT）来说是弱的给体单元，基于咔唑单元的共轭聚合物也有低的 HOMO 能级，有高的空穴传输能力、好的热稳定性[68-70]，作为光伏材料的咔唑聚合物已经取得大于 5%的光电转化效率（如 P4[71]、P5[72]），咔唑单元是很有前景的给体单元。

为了降低带隙，环戊二噻吩（CPT）被设计合成[73]。环戊二噻吩单元的给电子能力强于芴，有利于分子内部的电荷转移[74-75]。基于 CPT 单元的聚合物 P6 获得了窄带隙（1.4eV），短路电流密度能够达到 17mA/cm^2[39,47]，这是体异质结聚合物太阳能电池中最高的短路电流密度，富电子 CPT 单元使得 HOMO 能级有所提高，对开路电压是不利的，开路电压只达到了 0.5～0.6V。Brabec 课题组[47]把 CPT 单元的 SP^3 杂化的 C 改为 Si，使光伏性能大幅度提高。由于 Si 和 C 有相似的电负性，所以有相近的 HOMO 能级，同时 Si 的原子半径大，减少了聚合物的空间位阻，使聚合物有更好的堆叠能力，改善了空穴和电子的迁移能力。聚合物 P7 取得了 5.9%的效率。介于二者之间的苯并二噻吩（BDT），由于有较CPT 弱的给电子能力，同时中间苯环上可以既引入烷基链改善聚合物的溶解性，又不会对两侧的噻吩造成位阻，可以得到平面性较好的共轭聚合物[40,76-78]。基于 BDT 单元的聚合物在体异质结的太阳能电池中的光电转化效率已经超过 16%（P8~P14）[77,79-81]。2018 年，Zhang 等[79]将聚合物中 F 原子换为 Cl 原子，比较了两种聚合物供体 P11 和 P12。P12 的合成比 P11 的合成简单得多，这两种聚合物具有非常相似的光电和形态特性，除了氯化聚合物的分子能级低于氟化聚合物。因此，基于 P12 的 PSC 表现出比基于 P11 的器件更高的开路电压，从而实现了超过 14% 的出色功率转换效率。2019 年，Yao 等[80]通过使用新的聚合物供体 P13 和非富勒烯受体 IT-4F 证明了单结 OPV 的效率可以达到 14.7%。该器件在低驱动力下可以有效产生电荷，超快瞬态吸收测量发现会阻碍混合物中电荷载流子的复合。P13 和 IT-4F 之间的分子静电势（ESP）很大，诱导的分子间电场可能有助于电荷产生。结果表明，OPV 有可能通过调节 ESP 来进一步改善。Fan 等[81]选择了两种非富勒烯受体，与由酰亚胺官能化的宽带隙聚合物供体 P14 匹配呈现出互补的吸收和良好匹配的能级。经过精心优化共混膜形态，达到了 16.02% 的高效率。图 1-6 是典型不同给体单元 D-A 聚合物的结构，表 1-1 给出了对应结构的光伏性能参数。

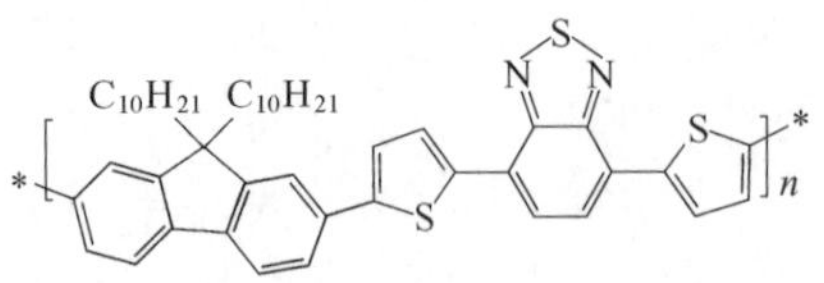

P1

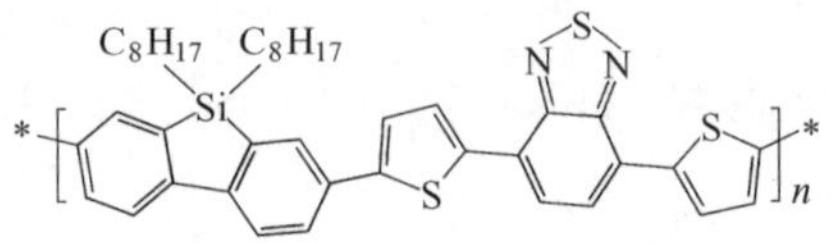

P2

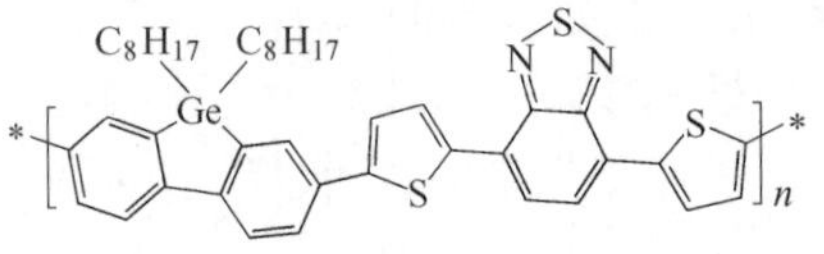

P3

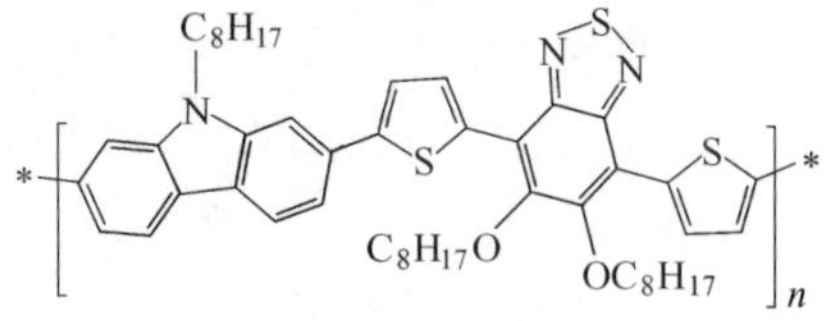

P4

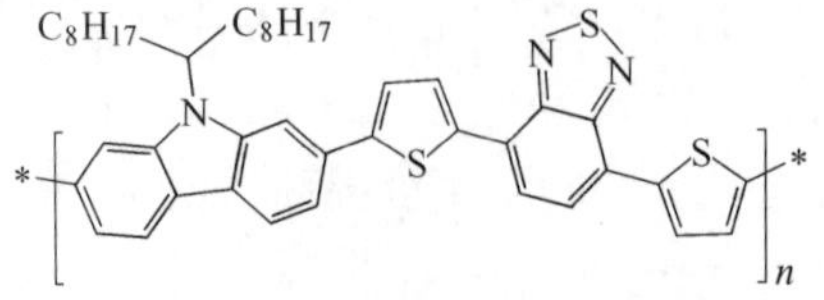

P5

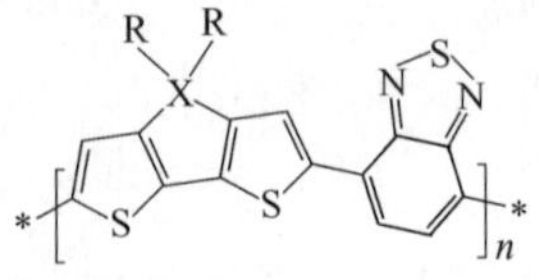

P6 X=C
P7 X=Si

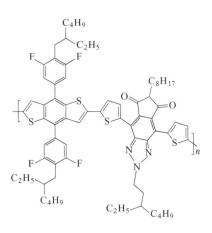

P8

P9

P10

P11 X=F
P12 X=Cl

P13

P14

图 1-6 典型不同给体单元 D-A 聚合物的结构图

表 1-1　对应聚合物的光伏性能参数

聚合物	V_{oc}/V	J_{sc} /mA·cm^{-2}	FF	$PCE/\%$	参考文献
P1	0.99	7.7	0.54	4.2	[65]
P2	0.90	9.5	0.51	5.4	[66]
P3	0.79	6.9	0.51	2.8	[67]
P4	0.81	9.6	0.69	5.4	[71]
P5	0.88	10.6	0.66	6.1	[72]
P6	0.62	16.2	0.55	5.5	[39]
P7	0.57	17.3	0.61	5.9	[39]
P8	0.68	14.59	0.63	6.2	[77]
P9	0.74	17.48	0.59	7.59	[77]
P10	0.70	15.51	0.59	6.43	[77]
P11	0.84	20.81	0.76	13.2	[79]
P12	0.86	21.80	0.77	14.4	[79]
P13	0.91	21.50	0.75	14.7	[80]
P14	0.81	26.68	0.74	16.02	[81]

1.3.2　含不同受体单元的给体材料

1.3.2.1　含苯并噻二唑（BT）及其衍生物的给体材料

苯并噻二唑（BT）由于其较好的拉电子能力，是比较具有前景的受体单元材料[73,82]。与其他受体材料相比较，苯并噻二唑能够使聚合物保持一个相对较低的 HOMO 能级，这将有利于聚合物的稳定性，还可以得到较高的 V_{oc}。二（2-噻吩）苯并噻二唑（DTBT）有优于 BT 单元的特性[36-37,66,69,72,83-84]，它连有两个噻吩单元，减弱了与给体单元共聚时的空间位阻，平面的共聚物可以增强共轭能力，减小带隙；同时平面性更好的结构有利于分子间的相互作用，提高载流子的迁移率。形成的 D-A 型聚合物如芴 P1[55]、硅芴 P2[66]、咔唑 P5[72]、二噻吩并环戊环 P6[39]、二噻吩并苯 P16[76]、二噻吩并吡咯 P15[85] 等，它们都有很好的光伏特性。在这些聚合物中，Bo 课题组在 2009 年报道了苯并噻二唑 5 位和 6 位上的氢原子被烷氧基取代，烷氧基的引入不会改变分子的共轭结构，同时增加了聚合物的溶解性，P4 达到 5.4% 的效率[71]。2010 年，Yang 课题组报道了用二噻吩并苯同时接入二维的噻吩烷基链，P16[76] 显示了好的光电转化效率 5.66%，得到了最高的开路电压 0.92V，有较高的短路电流和填充因子，具体见表 1-2。

表 1-2　对应聚合物的光伏性能参数

聚合物	V_{oc}/V	J_{sc} /mA·cm^{-2}	FF	PCE/%	参考文献
P15	0.52	9.47	0.44	2.18	[85]
P16	0.92	10.7	0.57	5.66	[76]
P17	0.89	13.6	0.5	6.1	[86]
P18	0.75	7.23	0.48	2.6	[87]
P19	0.90	4.68	0.66	2.8	[88]
P20	0.65	10.0	0.48	3.1	[89]
P21	0.71	14.16	0.62	6.20	[78]
P22	0.75	13.49	0.55	5.57	[78]
P23	0.85	12.78	0.58	6.32	[78]
P24	0.82	1.52	0.4	0.5	[90]

　　苯并噻二唑的衍生物也陆续被报道，显示了较好的光伏性能。首先，用杂原子如 O、Se、N、C 等来替换 S 原子：2011 年 Coffin 等报道的用氧原子取代硫原子，由于氧原子的强电负性而降低 HOMO 能级，P17 从而提升开路电压（V_{oc} 为 0.89V），取得 6.1% 的光电转化效率[86]。曹镛组报道的 P18 用硒原子替换硫原子，硒原子半径较大，使得带隙减小，吸收光谱红移，但由于 Se 电负性相对较弱，会使 HOMO 能级升高，开路电压有所降低（V_{oc} 为 0.75V），取得 2.6% 的光电转化效率[87]。用氮原子替换硫原子得到苯并三唑聚合物，由于氮原子的孤对电子参与共轭导致拉电子能力减弱，因而含苯并三唑的聚合物的带宽要高于苯并噻二唑，P19 显示了较低的短路电流密度 4.68mA/cm^2，光电转化效率为 2.8%[88]。Heeger 课题组将硫原子换为碳原子，由于碳四价可以连接两条烷基链，进一步增加聚合物的溶解性，P20 取得了 3.1% 的效率[89]。2010 年，You 组将苯并噻二唑苯环用吡啶环替换，增加了缺电子单元的拉电子能力，降低了 HOMO 能级，聚合物 P21、P22、P23 都显示了非常好的光伏性能[78]，PCE 分别为 6.20%、5.57%、6.30%。Leclerc 组报道了一种新的结构也归为苯并噻二唑的衍生物聚合物 P24，哒嗪噻二唑的拉电子能力比吡啶还强，这样会进一步降低 HOMO 和 LUMO 能级，但由于较低的电流，效率只有 0.5%[90]。图 1-7 给出了含 BT 单元及其衍生物 D-A 型聚合物的结构，对应结构的光伏性能参数见表 1-2。

1.3.2.2 含异靛和吡咯并吡咯二酮的给体材料

　　异靛（isoindigo）和吡咯并吡咯烷酮（DPP）有类似结构，都是由内酰胺构

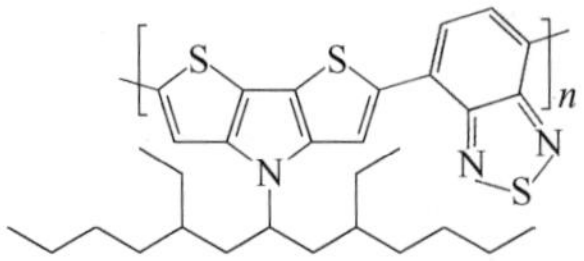

P15

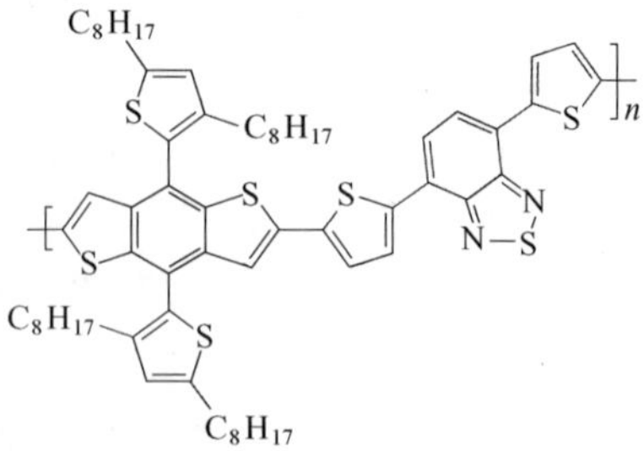

P16

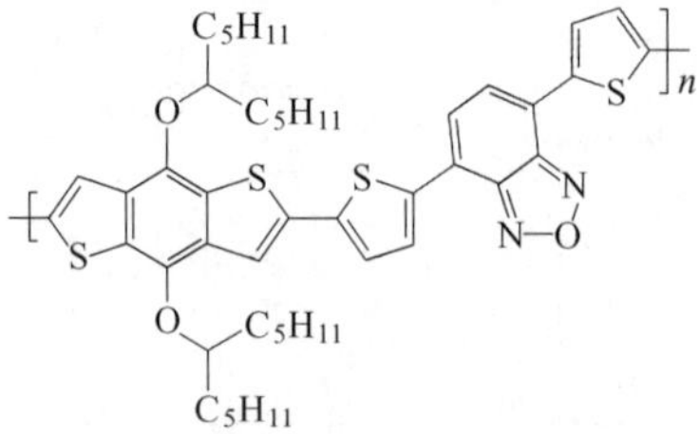

P17

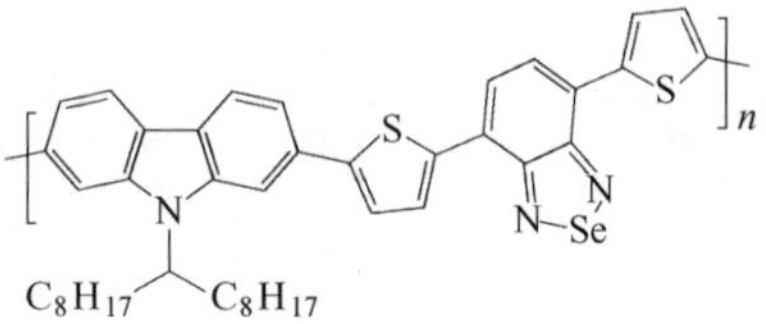

P18

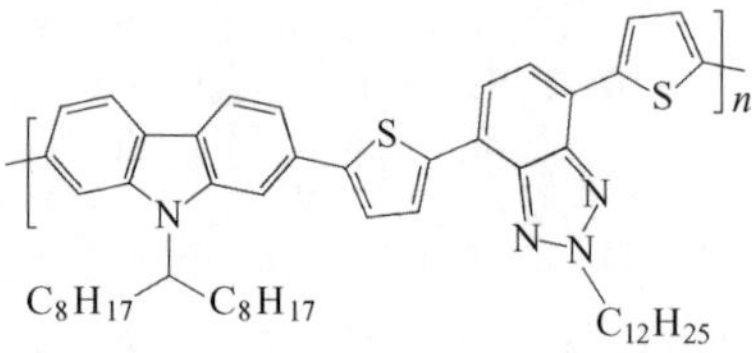

P19

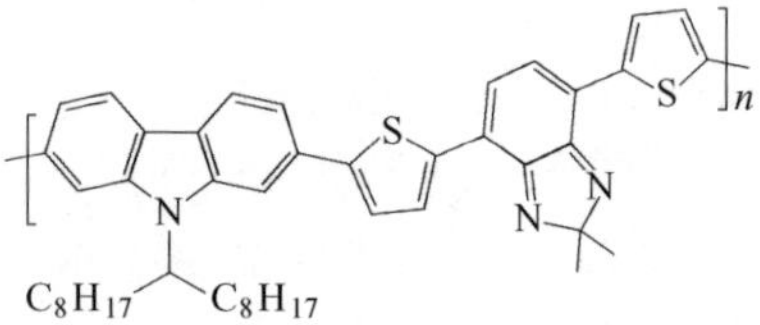

P20

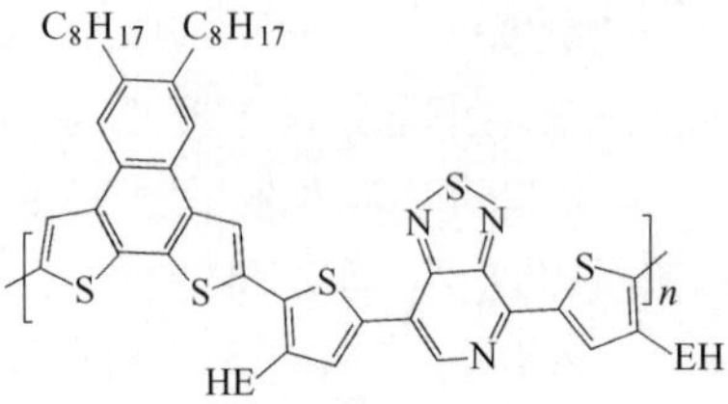

P21

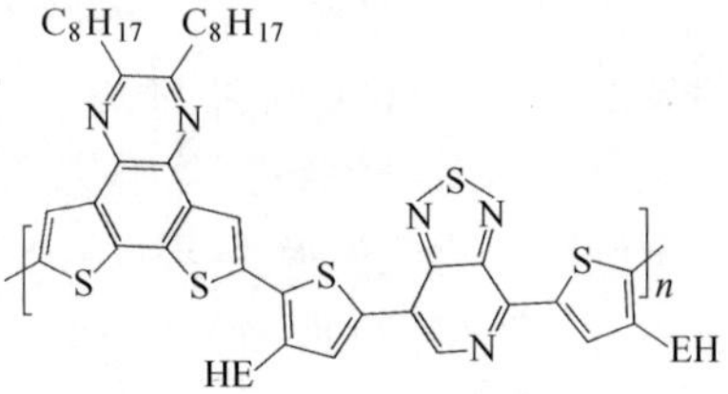

P22

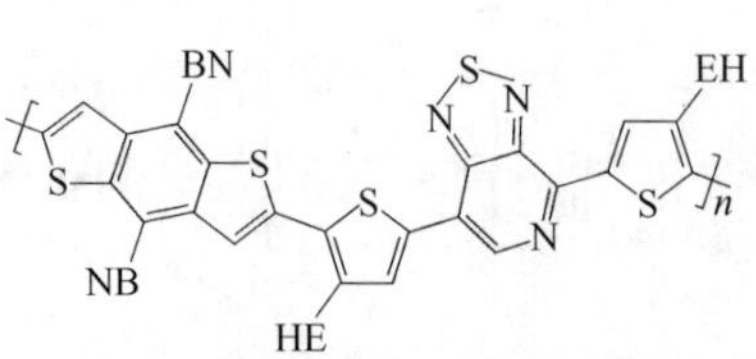

P23

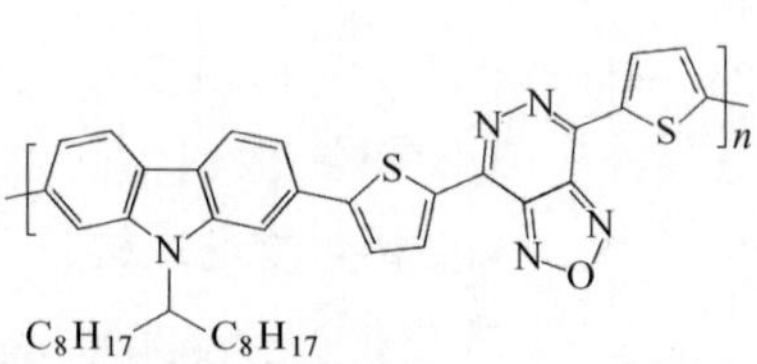

P24

图 1-7 含 BT 单元及其衍生物 D-A 型聚合物的结构图

成的共轭平面双环结构。异靛由两个吲哚环组成,有强的吸电子能力[91-93]。基于异靛单元的共轭聚合物有低的 HOMO 能级和低的 LUMO 能级,可是光电转化效率目前还比较低,P25 的效率只有 3%[91]。DPP 由两个吡咯环酮组成,具有较强的拉电子能力,能够有效地提供电荷迁移能力,带隙较小[94-100]。Janssen组[41,94,99,101]在这方面做了大量的工作,2008~2011 年,通过改变聚合物的给体单元和 N 原子上烷基链的不同,考察含有 DPP 单元的聚合物的光伏性能,由于带隙窄,一般在 1.30~1.53eV,得到了高的短路电流,其中 P26 的短路电流密度为 15.0mA/cm²,但相对低的 LUMO 能级限制了其 HOMO 能级,开路电压都不高,P26[101]、P27[102]的光电转化效率分别为 5.4%、5.5%。基于异靛和吡咯并吡咯二酮的给体聚合物结构如图 1-8 所示。

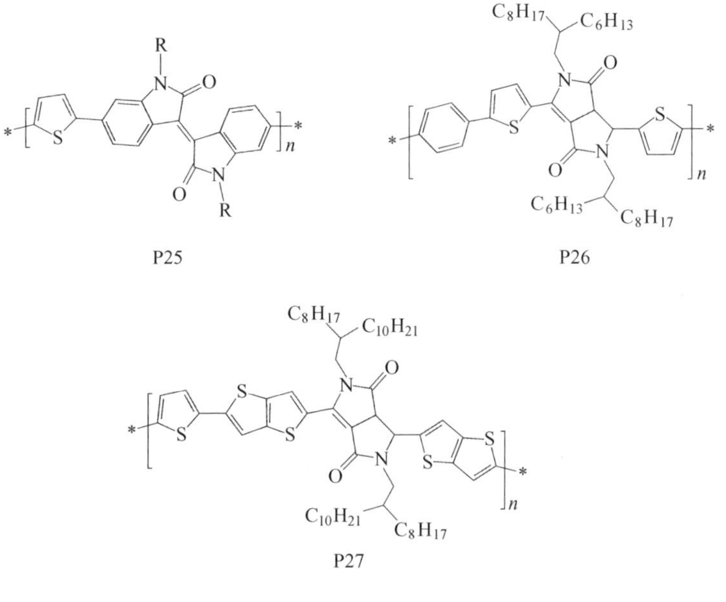

图 1-8 基于异靛和吡咯并吡咯二酮的给体聚合物结构图

1.3.2.3 含噻吩并吡咯二酮单元的给体材料

噻吩并吡咯二酮(TPD)上的氮原子能够被各种取代基功能化,从而提供较好的溶解性和材料的加工性;同时 3 位和 4 位取代环亚胺噻吩结构具有强的拉电子能力,能够提供足够强的亲电能力,从而获得合适的带宽和较低的 HOMO 能级。Leclerc 等在 2010 年制备了聚合物 P28[103],其光伏性能参数:J_{sc} = 9.81mA/cm²,V_{oc} = 0.85V,FF = 0.66,PCE = 5.5%。后来 Xie 组报道了聚合物 P29[104],其光电转化效率是 4.79%。Frechet 课题组详细研究了基于 TPD-BDT

聚合物不同侧链的影响，并取得了 6.8% 的效率[105]。2011 年 Tao 课题组和 Amb 等[106-107]报道了基于 TPD 单元的聚合物 P30[108]，其光电转化效率达到 7.3%。噻吩并吡咯二酮（TPD）在太阳能电池材料制备方面是一很有前景的受体单元。基于噻吩并吡咯二酮单元的给体聚合物结构如图 1-9 所示。

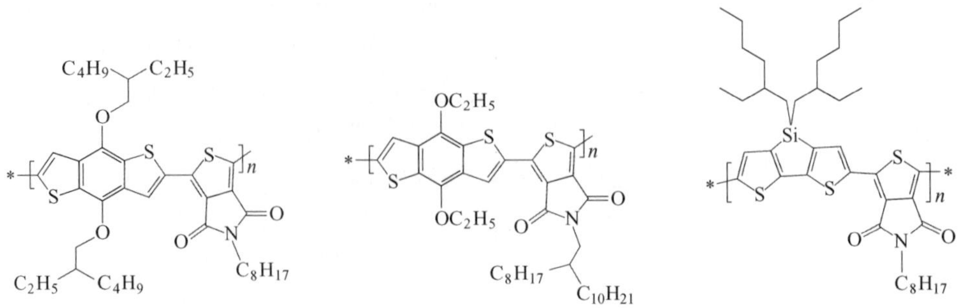

图 1-9 基于噻吩并吡咯二酮单元的给体聚合物结构图

1.3.2.4 含喹喔啉单元的给体材料

喹喔啉的拉电子能力比苯并噻二唑要弱一点，因而合成得到的聚合物的带宽会稍稍增大，但是喹喔啉的优点之一就是能降低聚合物的 HOMO 能级，从而得到较高的 V_{oc}[109-110]。喹喔啉的另一个优点是可以在外围引入侧链提高聚合物的溶解性[111]，而不会对共轭主链产生位阻，同时外围侧链可以调控分子的能级和分子间的相互作用，提高电荷迁移率[112-114]。喹喔啉是一个较为理想的受体单元，人们集中在对外围进行修饰，与不同的给体单元比如芴、噻吩[115-116]、咔唑[114,117-119]、苯并二噻吩[120]等共聚得到 D-A 型的聚合物，显示了较好的光伏性能。2007 年，李永舫等[113]报道了由缺电子的喹喔啉单元作核、富电子的烷氧基苯乙烯作侧链，主链分别引入对苯基乙烯、三苯胺、和噻吩的二维聚合物得到低带隙的聚合物，其中 P31 的 PCE 为 0.57%。同年，Olle Inganäs 课题组[36]报道了 P32，由于电子和空穴迁移率的平衡，取得了 3.7% 的 PCE。2009 年 Yamamoto 组报道的基于喹喔啉单元的聚合物 P33[121]得到了高的开路电压 0.99V，光电转化效率为 5.5%。2010 年，Wang 报道的基于喹喔啉二噻吩的聚合物 P34[122]取得了 6.0% 的效率；2011 年又将不同的喹喔啉单元与咔唑单元共聚得到 P35[123]，发现在喹喔啉外围苯环上引入烷氧基对光谱没有影响，但有烷氧基显示了较高的效率 3.7%，可能是因为不同的侧链对添加剂的敏感程度不同，导致制备器件时产生不同的器件形貌，得到不同的光电转化效率。2012 年，候剑辉组用喹喔啉和 BDT 共聚得到的聚合物 P36 显示了 5% 的光电转化效率[124]。2011 年，曹镛组报道的 P37[125] 结合了新的类似于咔唑的给体单元，其光电转化效率达到 6.1%；2012 年又陆续报道了喹喔啉单元 2 位和 3 位苯环上引入不同的噻吩侧链，共轭侧链的扩大使喹喔啉拉电子能力下降，ICT 的吸收变弱，表明侧链的不同对光伏性能有很大影响。自 2018 年以来，李永舫等[26] 开发了一系列 PTQ 类聚合物给体材料，基于 P38（PTQ10）的 PSC 展示了 16.21% 的高 *PCE*，且具有高开路电压和大短路电流密度，其 V_{loss} 降低至 0.549V，结果表明聚合物的合理氟化措施是实现快速电荷分离和降低 V_{loss} 的可行方法；2020 年，该课题组制备了 P39（PTQ11），P39 是低成本聚合物供体 P38 的衍生物，其喹喔啉单元上有甲基取代基，与 PTQ10 相比，分子结晶更强，空穴传输能力更好，获得了 16.32% 的高 *PCE*，结果证明了可行性 ΔE_{HOMO}（D-A）为 0 的聚合物太阳能电池可以获得高效空穴转移和高效率[127]。同年，苏州大学崔超华等[128] 基于 PTQ10/Y6 体系，通过活性层优化实现了 16.54% 的 *PCE*。这些给体聚合物结构简单、原料便宜、合成简便，具有低成本的特点，且所得器件的稳定性较高。以上这些都使 PTQ 衍生物作为聚合物给体材料具备了商业应用前景。喹喔啉是个较理想的受体单元，外围侧链的修饰，可以调控分子的能级，极大地影响其光伏性能，对喹喔啉单元的研究，目前仍是有机太阳能电池的研究方向之一。基于喹喔啉单元的给体聚合物结构如图 1-10 所示，对应的给体聚合物的光伏性能参数见表 1-3。

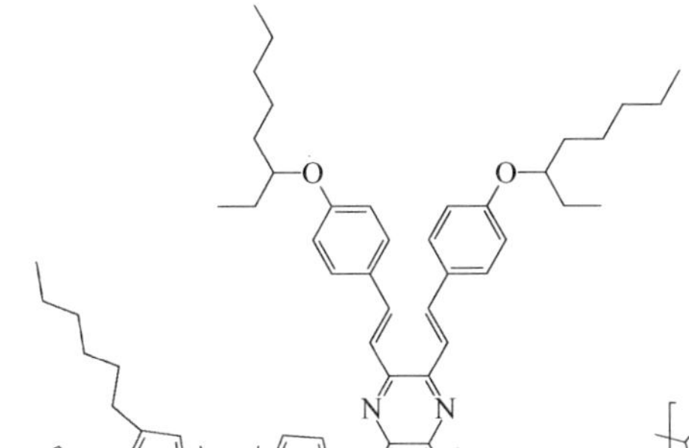

P31

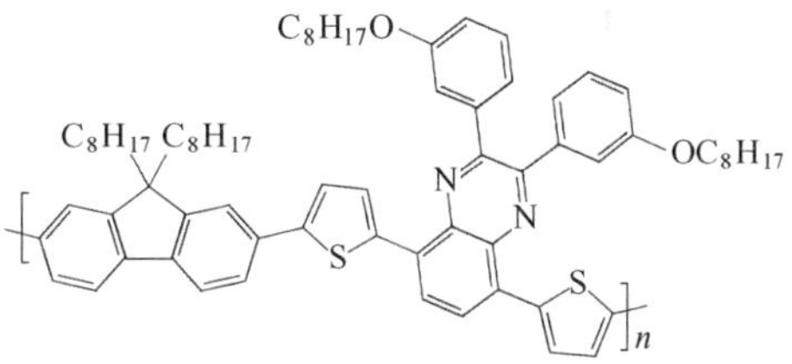

P32

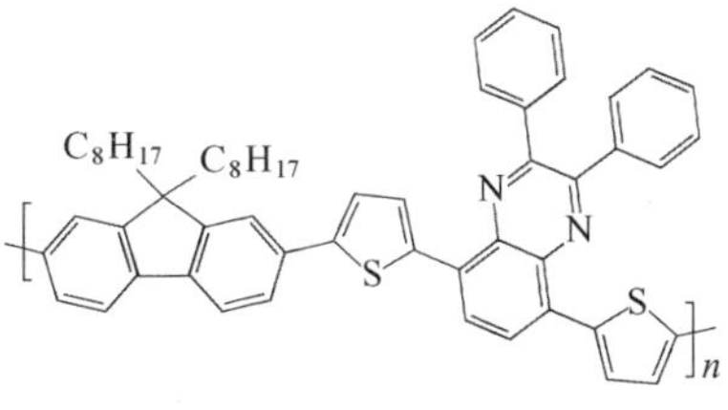

P33

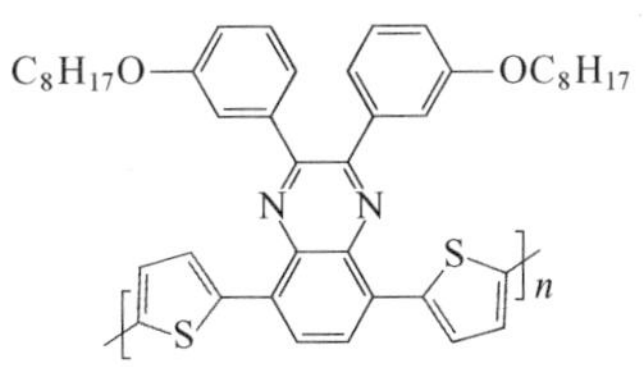

P34

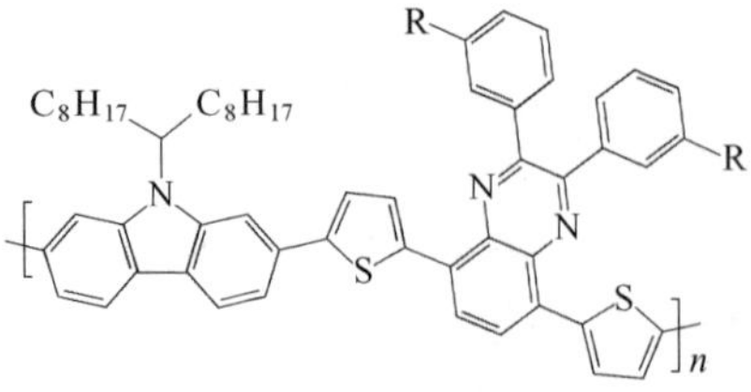

P35 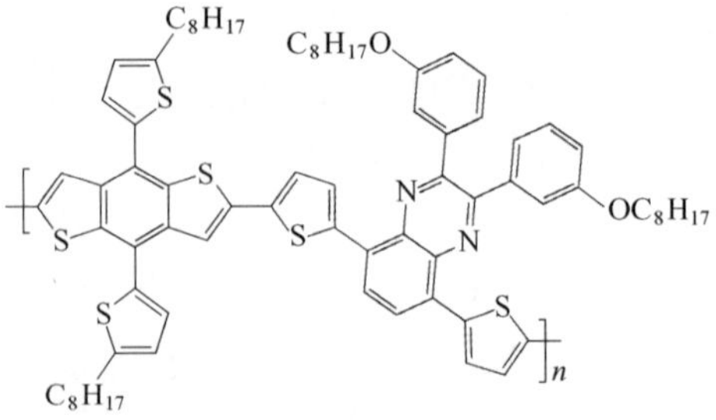　　　　　　　　　　　　　　　P36

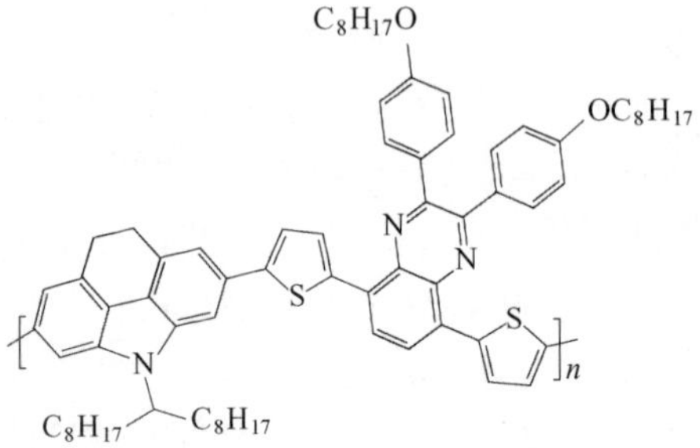

P37 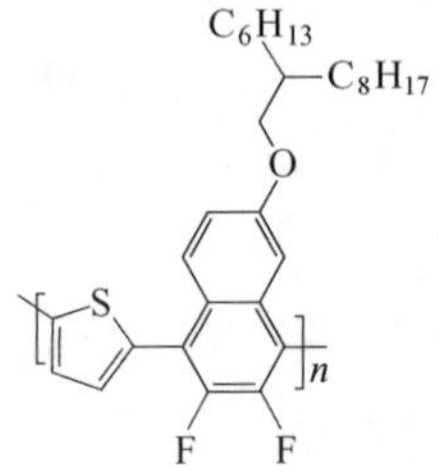　　　　　　　　　P38 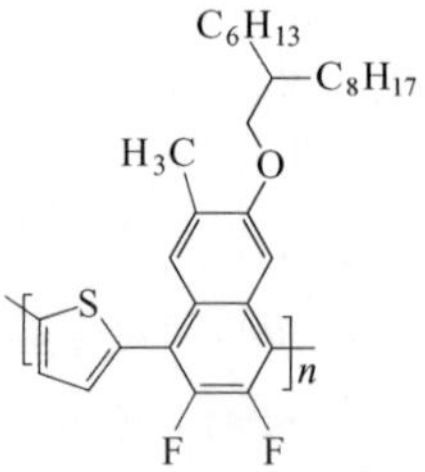　　　　　　　P39

图 1-10　基于喹喔啉单元的给体聚合物结构图

表 1-3　对应喹喔啉单元的给体聚合物的光伏性能参数

聚合物	V_{oc}/V	J_{sc} /mA·cm^{-2}	FF	$PCE/\%$	参考文献
P31	0.72	2.60	0.30	0.57	[113]
P32	1.0	6	0.63	3.70	[36]
P33	0.99	9.72	0.57	5.5	[121]
P34	0.89	10.5	0.64	6.0	[122]
P35	0.92	7.7	0.52	3.7	[123]
P36	0.76	10.13	0.64	5.0	[124]
P37	0.81	11.4	0.67	6.1	[125]
P38	0.87	24.81	0.75	16.21	[126]
P39	0.88	24.79	0.75	16.32	[127]

1.3.3　有机共轭小分子

　　有机共轭小分子在太阳能电池领域已经逐步显示出其重要性，体异质结结构基于小分子的二元太阳能电池已取得 15.8% 的光电转化效率[129]，表明小分子可以和聚合物在太阳能电池领域并肩发展。小分子材料被分为给体材料（p-type）和受体材料（n-type），许多的 p-型小分子被广泛研究，但是由于其自身材料的性质，只有一部分应用在太阳能电池方面。下面简要对这些材料进行分类介绍。

1.3.3.1 染料类的小分子

基于染料类的小分子是最普遍的，酞菁染料（phthalocyanine，Pc）、亚酞菁染料（SubPc）、部花青（Mc）、吡咯并吡咯二酮（DPP）等都显示了好的光伏性能。酞菁是 4 个吡咯环通过 C=N 双键连接形成的大的平面芳香环，显示了好的热稳定性和化学稳定性，通过外围侧链的修饰可以改变光谱和电化学性质[130-131]。1986 年，Tang 报道的双层异质结器件就是基于 CuPc 的小分子太阳能电池，取得了 1% 的效率[10]。后来 Forrest 等制备了混合型的平面异质结太阳能电池，活性层是在 CuPc 和 C_{60} 之间通过蒸镀混合的 CuPc 和 C_{60} 得到的，*PCE* 达到了 5.0%[132]。基于部花青（Mc）的分子，有高的摩尔吸光系数、HOMO 和 LUMO 能级可以被大幅度调控，被广泛应用在太阳能电池方面[133]。2008 年，Wurthner 课题组成功制备了第一个应用部花青类染料分子 A 用溶液旋涂的方法制备的体异质结太阳能器件，通过优化得到了 1.74% 的效率[133]。通过真空蒸镀的化合物 B，达到 6% 的效率[134]。吡咯并吡咯二酮（DPP）也是一种染料，由于自身优良的特性，如强的吸收、好的光化学稳定性、简易的合成方法，引起了人们的关注。2010 年，Nguyen 等合成了一系列基于 DPP 的小分子[135-139]，小分子 C1 作为给体材料用溶液旋涂的方法制备的器件，其开路电压为 0.90V，短路电流密度为 10mA/cm²，填充因子为 0.48，光电转化效率为 4.4%[139]。Mark 课题组用萘二噻吩作核，DPP 作为双臂，得到的小分子 C2 的开路电压为 0.84V，短路电流密度为 11.27mA/cm²，填充因子为 0.42，取得的 *PCE* 为 4.06%[140]。在染料材料里，基于 Pc、Mc、DPP 单元的小分子化合物在太阳能电池领域显示了广阔的应用前景。染料类小分子的结构如图 1-11 所示。

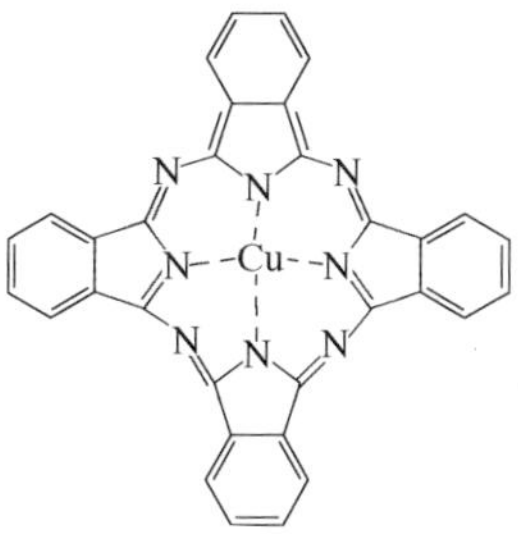

A 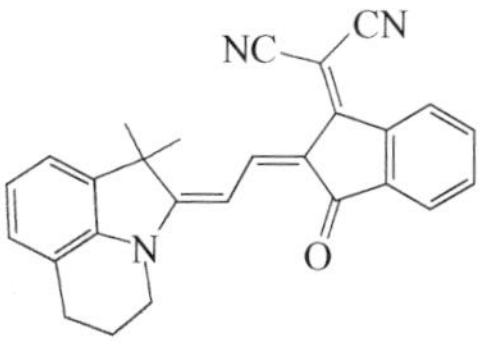   B 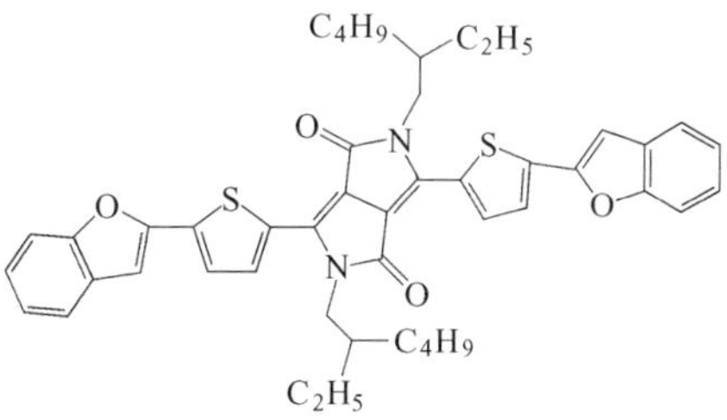   C1

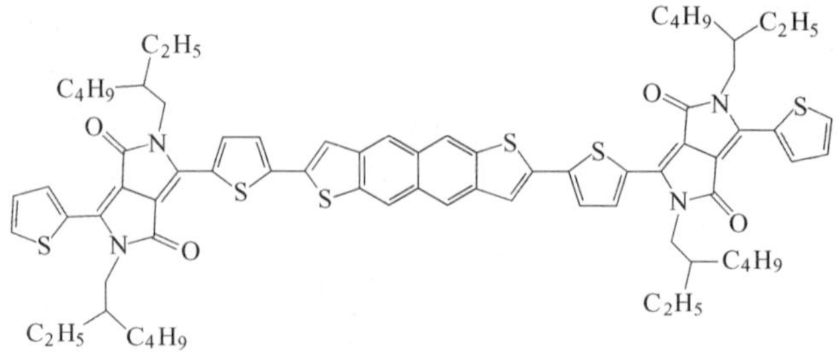

C2

图 1-11 染料类小分子的结构图

1.3.3.2 稠环并苯类共轭小分子

稠环并苯类化合物由于有高的空穴迁移率（并五苯的空穴迁移率大于 $1cm^2/(V·s)$），被广泛应用在有机场效应晶体管领域[141-142]。高的迁移率对太阳能电池来说是非常关键的，这些材料应用在有机太阳能电池方面也表现出了优异的性能。晶体并五苯在 2004 年第一次通过蒸镀的方式被应用于太阳能双层异质结器件中，效率达到 2.7%[143]。并苯类化合物由于平面性好，很难溶于普通溶剂，这就限制了其只能通过蒸镀的方法应用在太阳能电池方面。研究者们在并苯环的外围引入一些侧链来改善其溶解性，希望可以通过溶液旋涂的方法制备太阳能电池。2008 年，Marrocchi 课题组报道了萘的衍生物 D，制备了体异质结太阳能电池，效率为 1.12%[144]。2009 年，Waltkins 等报道了新型的 dibenzo［b, def］chrysene（DCB）类化合物，由于这类化合物的结晶性好，需要使用低沸点的溶剂在高浓度高转速下旋涂成膜，化合物 E 制备的体异质结器件取得了 1.95%的效率[145]。如图 1-12 所示，稠环并苯类化合物由于有好的结晶性，在和富勒烯衍生物共混制备太阳能电池时总是会出现大的相分离尺度，减小其光伏性能，通过修饰取代基调控其结晶性对获得高性能的太阳能电池是必要的。

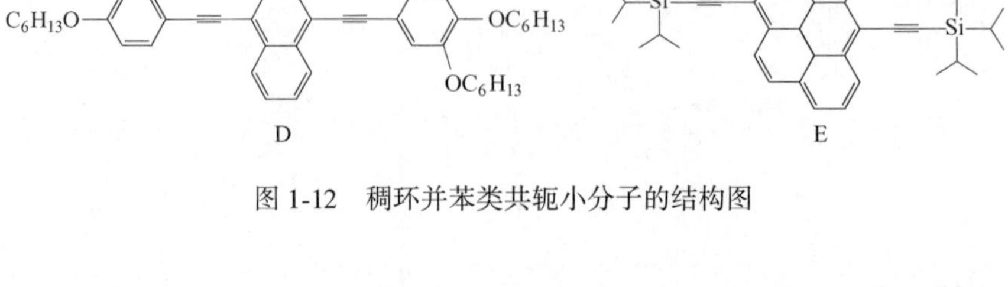

图 1-12 稠环并苯类共轭小分子的结构图

1.3.3.3 基于噻吩的共轭小分子和寡聚物

噻吩被应用在太阳能电池领域无论是聚合物还是寡聚物都是非常普遍的[146]。2009 年，Sakai 等[147]报道了由 6 个噻吩单元组成的寡聚物 F，以该分子为给体与 C_{70} 为受体制备的光伏器件，其 PCE 达到了 2.8%。后续又有基于噻吩单元的线性分子 G 和 H；2012 年，Li 等制备的由化合物 G 作为给体材料和 $PC_{61}BM$ 作为受体材料的体异质结器件，其性能参数为：J_{sc} = 13.98mA/cm², V_{oc} = 0.92V，FF = 0.47，PCE = 6.10% [148]。基于 H 的小分子由 $PC_{71}BM$ 作受体，共混质量比为 7∶3，制备的器件性能参数为：J_{sc} = 14.4mA/cm², V_{oc} = 0.78V，FF = 0.59，PCE = 6.70%[129]。取得这样好的成绩归因于小分子 H 本身有较强的吸收能力，以及高迁移率 0.1cm²/(V·s)。X 型分子 K 被报道用 $PC_{71}BM$ 作受体的体异质结器件的性能参数为：J_{sc} = 4.61mA/cm², V_{oc} = 0.942V，FF = 0.36，PCE = 1.54%[149]。基于噻吩的共轭小分子和寡聚物结构如图 1-13 所示。Janssen 研究组发展了一系列功能化的树枝状寡聚噻吩，其太阳能器件的光电转化效率最高达到 1.3%[150-152]。

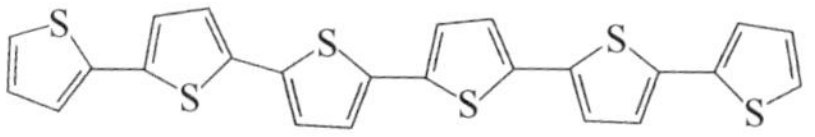

F

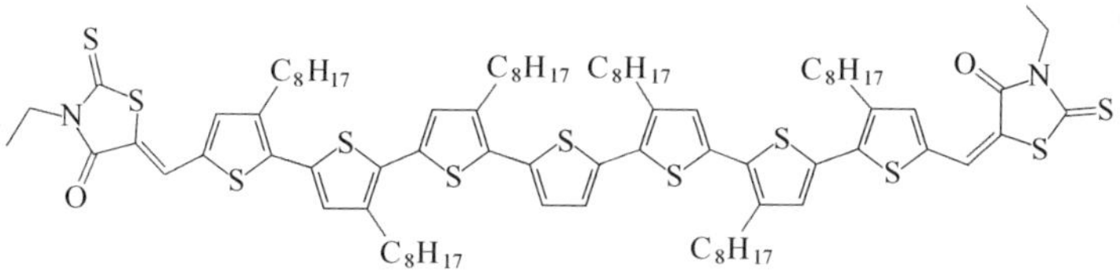

G

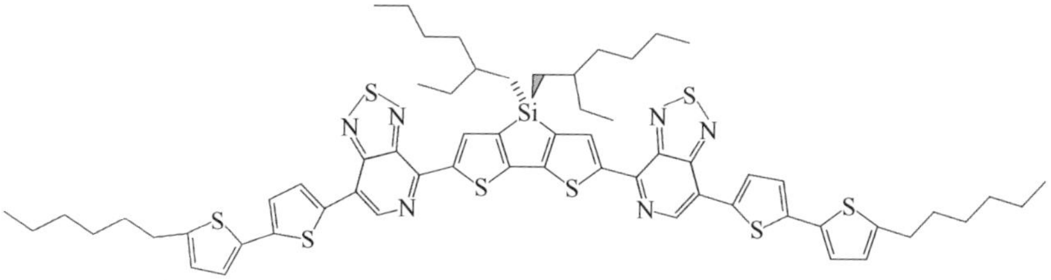

H

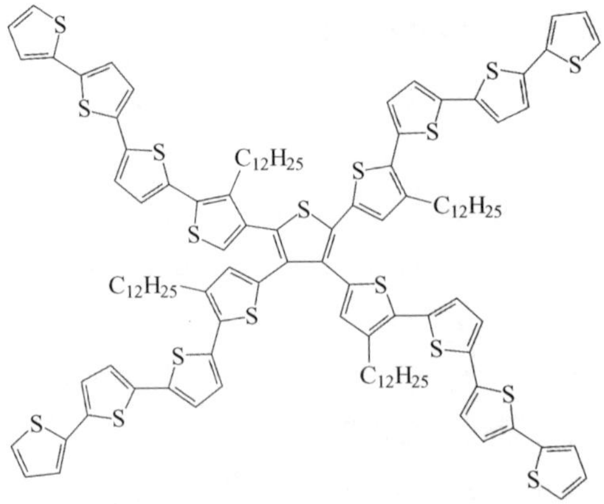

图 1-13 基于噻吩的共轭小分子和寡聚物的结构图

1.3.3.4 基于三苯胺的共轭小分子

三苯胺（TPA）由于其高的空穴传输能力和强的给电子能力，被广泛应用在有机太阳能电池方面[153-154]。TPA 常被用作末端基团或者作为星型分子的核，基于三苯胺的小分子常结合吸电子基团使分子内部形成推拉结构来拓宽光谱吸收范围，减少带隙。早在 2006 年，李永舫组合成了一系列的 D-A-D 型分子，苯并噻二唑作为拉电子基团，三苯胺作为推电子基团，中间用噻吩乙烯基连接，得到的小分子 L 与 $PC_{61}BM$ 共混制备的体异质结太阳能电池，其 *PCE* 为 0.26%[155]。后来，Zhan 等对其结构进行优化去掉乙烯基，中间用噻吩直接连接，极大地提高了转化效率（达到 2.21%）[156-157]。2011 年，Lin 课题组[157]制备了一系列基于三苯胺的 D-A-A 型小分子，这些化合物连有强拉电子能力的氰基，显示了好的光谱特性和低的 HOMO 能级，化合物 M 通过真空蒸镀制备平面异质结太阳能电池器件，其效率达到 6.4%。Zhan 等发展基于三苯胺的星型分子 N，以溶液旋涂的方法制备的体异质结太阳能电池效率达到 4.3%[158]。如图 1-14 所示，这些数据充分显示三苯胺单元在太阳能电池领域是个很有前途的单元，基于三苯胺单元的小分子仍然是有机太阳能电池的研究方向之一。

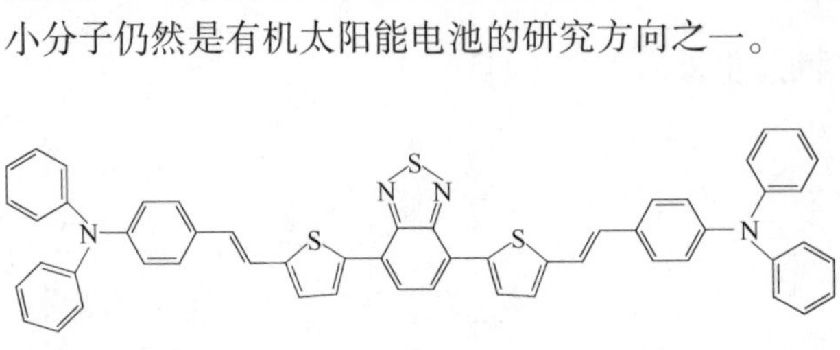

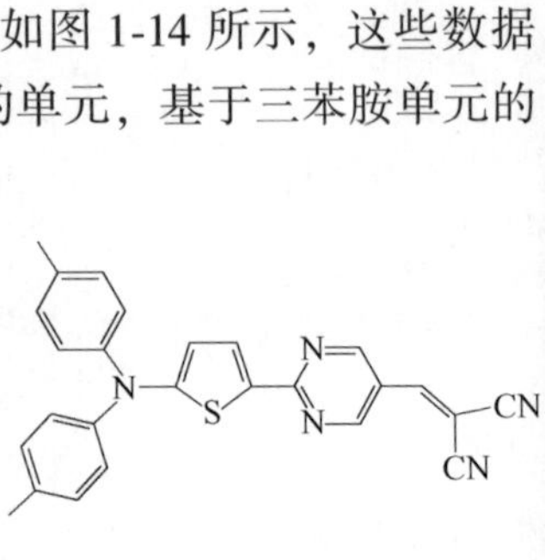

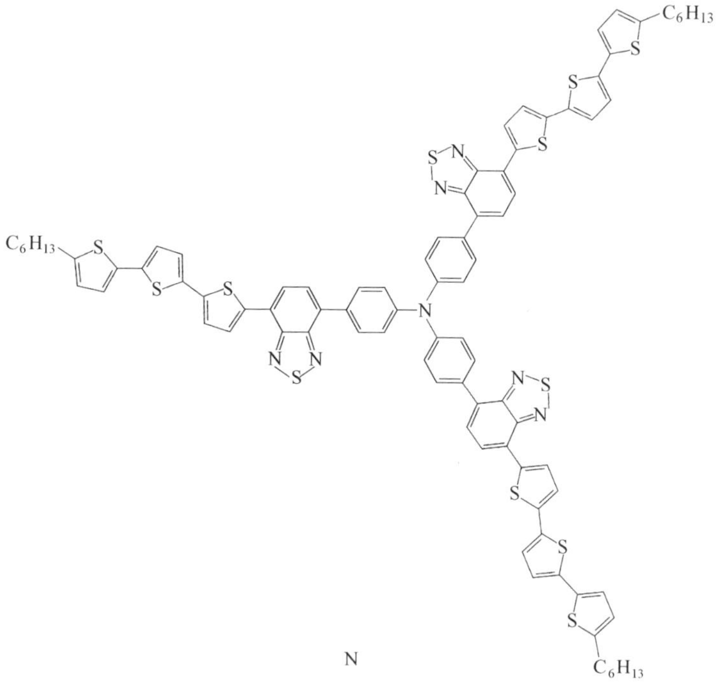

图1-14 基于三苯胺的共轭小分子结构图

1.4 钙钛矿太阳能电池材料及器件

有机-无机杂化钙钛矿太阳能电池（perovskite solar cells，PSC）是目前为止效率增长最快的新型太阳能电池，能量转换效率的快速增长主要得益于对器件结构的改进和制备工艺的优化[159-164]。除了较高的能量转换效率，钙钛矿太阳能电池还具有以下两大优势：（1）有机-无机杂化钙钛矿具有较高的吸收系数，厚度小于500nm的钙钛矿薄膜的活性层就足够吸收可见光，因此整个电池器件可以又轻又薄；（2）由于器件轻薄的特性，可以以较低的造价制备柔性的、大面积的钙钛矿太阳能电池。基于以上优势和较高的能量转换效率，钙钛矿太阳能电池在太阳能电池应用领域显示出巨大潜力。

1.4.1 钙钛矿材料简介

钙钛矿结构通式是ABX_3，对有机钙钛矿材料（如$MAPbX_3$或$MASnX_3$）而言，A为有机阳离子，如$CH_3NH_3^+$、$C_2H_5NH_3^+$、$HC(NH_2)_2^+$；B为金属离子，如Pb^{2+}、Sn^{2+}、Eu^{2+}、Cu^{2+}等；X为卤族元素离子Cl^-、Br^-、I^-。典型的钙钛矿晶

格结构如图 1-15 所示。其晶体结构是以 B 离子为中心、X 为顶点的八面体共顶连接，并嵌在以 A 为中心的四面体中[165]。

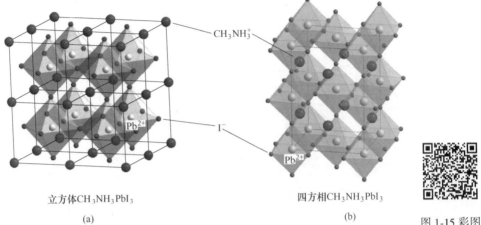

立方体CH₃NH₃PbI₃
(a)

四方相CH₃NH₃PbI₃
(b)

图 1-15 彩图

图 1-15　典型的钙钛矿晶格结构

钙钛矿形成的是三维网状结构，卤素原子 X 所形成的八面体之间的空隙较大，因此有机阳离子 A 的尺寸是可以调节的。钙钛矿材料的光学吸收和光致发光与所含的卤素有关，I 元素使得荧光光谱红移且光学带隙变小，Br 元素使荧光光谱蓝移且光学带隙变大，如图 1-16 所示，当有机-无机杂化钙钛矿材料中同时含

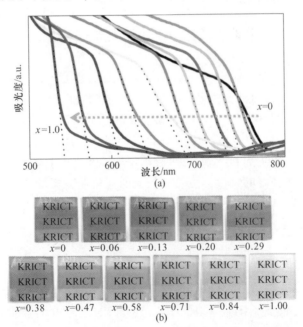

图 1-16 彩图

图 1-16　MAPbI$_x$Br$_{3-x}$钙钛矿薄膜紫外-可见吸收光谱（a）和相应薄膜颜色（b）

有两种不同卤素离子时，可以通过调节卤素的比例实现对光学带隙的连续调控[166]。

2009 年，Miyasaka 等[167]发明了第一代钙钛矿太阳能电池，以钙钛矿材料作为敏化剂，器件结构几乎与传统的染料敏化太阳能电池结构相同，即 FTO/m-TiO$_2$（mesoporo-TiO$_2$）/perovskite/Pt，电极之间的空隙用电解液填充。结果证实分别用 CH$_3$NH$_3$PbI$_3$ 和 CH$_3$NH$_3$PbBr$_3$ 作为活性层得到的能量转换效率为 3.13%和 3.18%。2011 年 G. N. Park 等[168]通过进一步优化介孔层厚度、钙钛矿浓度，以及在旋涂钙钛矿之前用硝酸铅预先处理二氧化钛表面得到了 6.54%的效率。虽然这一结构刷新了能量转换效率，但器件的整体稳定性却由于液态电解液的存在而降低。在钙钛矿太阳能电池的效率和稳定性这两个方面取得重大突破的是 2012 年，G. N. Park 和 M. Grazel 等[169]用固态空穴传输材料 spiro-OMeTAD（2,2′,7,7′-tetrakis(N,N-di-pmethoxy-phenylamine)-9,9′-spirobifluorene）代替了液态电解液，在 0.6μm 厚的电子传输层（c-TiO$_2$）上附着活性层 CH$_3$NH$_3$PbI$_3$ 取得了 9.7%的效率，器件在室温且没有封装的情况下稳定存在了 500h，极大地提高了钙钛矿太阳能电池的稳定性。2013 年，Grazel 等[170]使用了两步法，即在介孔金属氧化物上先沉积一层碘化铅（PbI$_2$），之后再通过沉积一层碘化钾基氨（CH$_3$NH$_3$I，MAI）将其完全转化为钙钛矿，这种方法制备的钙钛矿器件效率达到了 15%。2014 年，Soek 等[165]通过将钙钛矿前驱物溶解在 GBL（γ-butyrolactone）和 DMSO（dimethylsulphoxide）的混合溶液中，在旋涂的过程中滴加甲苯以调控钙钛矿薄膜的形貌，取得了 16.2%的光电转化效率。Seok 等[171]又通过改变有机阳离子，利用碘化甲脒（formamidinium iodide）和 DMSO 进行分子内交换实现了大于 20%的能量转换效率。2019 年，中科院 Qi 等[172]在钙钛矿薄膜的表面使用有机卤化物盐-苯乙基碘化铵（PEAI）进行表面缺陷钝化，获得了具有 23.32%认证效率的平面 OP-SCs。单结钙钛矿太阳能电池的 PCE 已经高达 25.5%[173]

典型的钙钛矿太阳能电池结构可分为正置（n-i-p）结构和倒置（p-i-n）结构两种，对应结构如图 1-17 所示。无机电子传输材料主要包括 TiO$_2$、ZnO、SnO$_2$ 等，具有成本低、稳定性好等优点，常用于 n-i-p 结构钙钛矿太阳能电池[174]。有机电子传输材料主要包括富勒烯及其衍生物、C$_{60}$、C$_{70}$ 和基于萘二酰亚胺（NDI）的小分子等，具有良好的成膜性和优异的电子传输特性等，常用于 p-i-n 结构钙钛矿太阳能电池[175]。p-i-n 结构往往能降低工艺的温度和复杂程度，原因在于 p-i-n 结构电池的电荷传输层来源于有机太阳能电池，可以通过简单的溶液处理制备；而 n-i-p 结构大部分采用 n 型 TiO$_2$ 作为电子传输层，它需要高于 450℃的高温烧结过程。2015 年，加州大学 Yang 等[176]已有报道，p-i-n 结构器件最高效率为 22.7%。虽然基于 n-i-p 结构和 p-i-n 结构的钙钛矿太阳能电池的效率均超过了 22%，但是无机和有机电子传输材料各自的缺点又进一步限制了钙钛矿太阳能电池的发展，因此科研工作者着手探索新的途径来提高钙钛矿太阳能电池的效率和稳定性[177]。

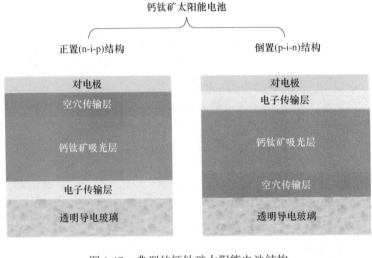

图 1-17 典型的钙钛矿太阳能电池结构

以平面 n-i-p 型为例，钙钛矿太阳能电池的工作原理如图 1-18 所示。太阳光透过 FTO 玻璃，活性层吸收了能量大于钙钛矿材料禁带宽度的光子，经过激发产生了激子（即电子-空穴对）；激子在活性层中扩散，并在活性层内部和边界处

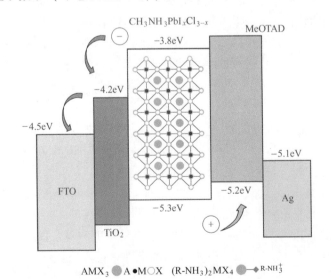

图 1-18 彩图

图 1-18 钙钛矿电池常用材料相应能级以及工作原理
（⊕表示空穴；⊖表示电子）

产生分离，生成的电子被注入电子传输层，与此同时，空穴被传输到空穴传输层；最后电子和空穴分别被 FTO 和金属电极收集，太阳能就以这种方式被转化成了电能。

钙钛矿太阳能电池性能的重要参数是提高其器件效率的基础[178]。钙钛矿太阳能电池的性能参数与聚合物太阳能电池相同，主要有短路电流密度 J_{sc}（short circuit current density）、开路电压 V_{oc}（open circuit voltage）、填充因子 FF（fill factor）、能量转换效率 PCE（power conversion efficiency），外量子转化效率 EQE（external quantum efficiency）以及器件寿命。除此之外，由于钙钛矿太阳能电池特有的属性，还有描述其正反扫差异性的磁滞因子（hysteresis factor）。正向扫描是从短路电流扫到开路电压（forward scan），反向扫描是从开路电压扫到短路电流（reverse scan），主要体现在 J_{sc} 和 FF 上，最终无法得到准确的能量转换效率。对于钙钛矿太阳能电池来说，由于扫描方向、速度和延迟时间不同引起 J-V 曲线图出现差异的现象称为磁滞，这一现象的解释大概围绕：钙钛矿材料本身具有较大的缺陷密度，其表面产生的陷阱导致电荷不能正常传输；钙钛矿材料具有铁电性，不同方向的偏压会改变材料的极性；钙钛矿材料内部的缺陷会储存一部分多余的电子，在改变偏压方向时会增加该方向的短路电流。因而在对钙钛矿太阳能电池表征前，必须声明扫描的方向、速度和延迟时间。对于越稳定的钙钛矿太阳能电池，其器件正向扫描和反向扫描误差越小。

1.4.2 钙钛矿薄膜的制备方法

有机-无机杂化钙钛矿太阳能电池器件效率的优异不仅来自材料本身的性质，也与这些器件制备方式的多样性有关。目前为止报道的主要有四种沉积方式：前驱液一步沉积法、两步连续沉积法、双蒸发源共蒸发法以及气相辅助溶液法（见图 1-19）。前三种方法制备的钙钛矿太阳能电池器件的光电转化效率可以达到 15% 以上，并且已经应用在柔性基底上[179-181]。

（1）前驱液一步沉积法（one-step precursor deposition，OSPD）。由于制备工艺简单前驱液一步沉积法是目前为止最常见的成膜方法[167]。一般是将 MAX（M 一般是甲胺或者甲脒，X 一般是 I、Br）和 PbX_2 按照 1∶1 或者 3∶1 的摩尔比例溶解在高沸点的极性溶剂中（比如 DMF、DMAc、DMSO、NMP 和 GBL）制成钙钛矿前驱液，在不断升温搅拌的情况下获得澄清溶液。然后将制备好的前驱液滴涂或者旋涂在接触材料上，经过退火过程完成前驱液向钙钛矿晶体的转变。在整个制备过程中，很多参数都是可以进行调控来优化器件效率的，比如：c-TiO$_2$[182]、m-TiO$_2$[183]、m-Al$_2$O$_3$ 的厚度[168,184-186]，前驱液的浓度[187-189]，溶剂的类型[190]，退火温度以及退火时间[191]。

（2）两步连续沉积法（sequential deposition method，SDM）。首先将溶解在

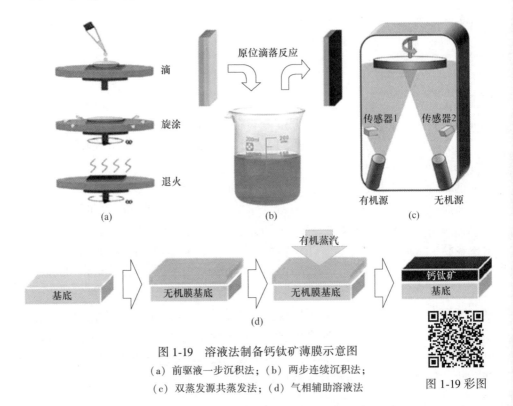

图 1-19　溶液法制备钙钛矿薄膜示意图

（a）前驱液一步沉积法；（b）两步连续沉积法；
（c）双蒸发源共蒸发法；（d）气相辅助溶液法

图 1-19 彩图

DMF 中的 PbI_2 旋涂在 m-TiO_2 上，然后将其浸没在 MAI 的异丙醇溶液中，随着两种成分的接触，钙钛矿晶体瞬间形成。退火之后，再将溶剂溶于氯苯的空穴传输层 spiro-OMeTAD 旋涂在上面。采用这种方法制备的器件效率重复性得到了极大的提高。相比于前驱液一步沉积法，两步法通过控制 PbI_2 与 MAI 的接触能够形成形貌更好的钙钛矿晶体。Liu 等用单层的 c-ZnO 空穴阻挡层代替了 m-TiO_2 和 c-TiO_2，之后用两步连续沉积法制备出了平面异质结型器件，得到了 15.7%的效率[170,179,192]。

（3）双蒸发源共蒸发法（dual-source vapor deposition，DSVD）。2013 年，Liu 等在蒸镀沉积法制备钙钛矿薄膜的基础上进一步改进，利用双蒸发源共蒸发制备了含有不同比例卤素的平面异质结型钙钛矿太阳能电池[193]。真空蒸镀的钙钛矿薄膜表面均匀且晶体尺寸都在纳米级别，这种无孔洞缺陷的钙钛矿薄膜保证了 15.4%的高效率，相比用溶液法制备的钙钛矿薄膜只能部分地覆盖在基底上。之后，Bolink 等利用这种方法构筑了反式钙钛矿太阳能电池器件，被蒸镀上去的 $MAPbI_3$ 夹在电子传输层（poly-TPD）和空穴传输层（PCBM）之间，最终得到的 V_{oc} 和 PCE 分别为 1.05V 和 12%[194]。

（4）气相辅助溶液法（vapor-assisted solution process，VASP）。Yang 等第一

次报道了这种将溶液法和蒸镀法结合起来的气相辅助溶液的制备法。他们首先将 PbI$_2$ 沉积在 c-TiO$_2$ 包覆的 FTO 玻璃上，之后在 150℃的氮气氛围下将 MAI 蒸镀上去以形成钙钛矿薄膜。这种方法形成的钙钛矿薄膜覆盖率高，晶体表面均匀且晶块尺寸大，前驱体可以完全地转化成钙钛矿[195]。在沉积无机部分后再沉积有机部分可以有效地避免共蒸镀（OSPDs）时两种蒸发源的速率不一致问题，并且可以避免两步法（SDM）将无机部分浸没在有机部分中会溶解的问题。这种方法由于制备方式简单、可控并且多样化，因此可以得到多种高质量的钙钛矿薄膜，并最终获得较高的效率。

1.4.3　钙钛矿太阳能电池中界面层的作用

对于钙钛矿太阳能电池来说，无论是传统的正置结构（n-i-p）还是新型的反式结构（p-i-n），都包含很重要的几层界面，如：负极/电子传输层、电子传输层/钙钛矿层、钙钛矿层/空穴传输层、空穴传输层/正极。激子的产生、分离与复合都与界面有着直接的联系，因此界面对于整个器件的光电转化效率至关重要。除此之外，钙钛矿太阳能电池器件每层材料的稳定性都与界面有着极大的关系，因此界面又关系着整个器件的寿命。深入了解界面间电荷传输和相应的界面工程对于获得稳定高效率的器件至关重要。

1.4.3.1　电子传输层/钙钛矿之间的界面

目前，钙钛矿太阳能电池的电子传输层和钙钛矿（ETL/PVSK）之间的界面主要从以下三方面影响着器件性能：对能级的调控，对钙钛矿层形貌的控制，器件的稳定性。对于正置器件而言，这一步的界面工程是在钙钛矿薄膜形成之前进行调控的。界面修饰是一种常见的能级调控方式，光学吸收层和电子传输层之间的界面对于高效传输载流子至关重要，现在已经有研究表明对电子传输层和钙钛矿层进行适当的界面修饰有助于减少势能损失进而增大开路电压，增加电荷的传输与抽提，进而有助于提高短路电流密度和填充因子。

在平面异质结型钙钛矿太阳能电池中常见的电子传输层是 TiO$_2$，基于 TiO$_2$ 的光催化性能，由 TiO$_2$ 为电子传输层的钙钛矿电池长时间光照可以导致降解。TiO$_2$ 固有缺陷（氧空位、阳离子空位和阳离子间隙）的问题导致电荷输运能力降低，并存在电荷积累和低的开路电压。基于此，许多课题组着重解决 TiO$_2$ 层的钝化问题。

改善 TiO$_2$ 的钝化问题，常使用有机材料做添加剂或进行界面后处理等方法。Du 等[196]使用一种新型的烷基噻吩基侧链稠环电子受体 ITIC-Th 修饰 TiO$_2$ 电子传输层，采用器件结构 ITO/TiO$_2$/ITIC-Th/（FAPbI$_3$）$_x$（MAPbCl$_3$）$_{1-x}$/spiro-OMeTAD/Ag 制备 n-i-p 平面钙钛矿电池结构，发现钙钛矿电池器件的 *PCE* 由

15.43%提高至18.91%。ITIC-Th 的界面修饰改善了 TiO_2 薄膜的形貌，促进了钙钛矿晶粒的高质量生长，大幅减少了表界面的电荷复合，从而明显提高了光生载流子的抽取率和输运效率。其次，器件稳定性研究结果显示，未封装的 TiO_2/ITIC-Th 基钙钛矿电池器件不仅在最大输出功率连续光照 500s 条件下保持输出功率不变，而且在室温和湿度 30% 的条件下放置约 1000h 后，其能量转换效率依然保持为原有的 90%，明显高于纯 TiO_2 基钙钛矿器件。因此，ITIC-Th 修饰 TiO_2 电子传输层是制备高效稳定钙钛矿太阳能电池的一种有效的界面优化设计方法。

氯元素常作为钙钛矿的组成元素之一，适量的氯元素掺杂可以有效增大钙钛矿的晶粒，增加载流子扩散长度。Jiang 等[197]通过在制备 TiO_2 的前驱体溶液中引入适量的氯铂酸，在水解过程中，铂离子会介入 TiO_2 晶格内形成掺杂（见图 1-20 （a）），改性后的电子传输层能带结构更有利于界面处的电荷传输，提高界

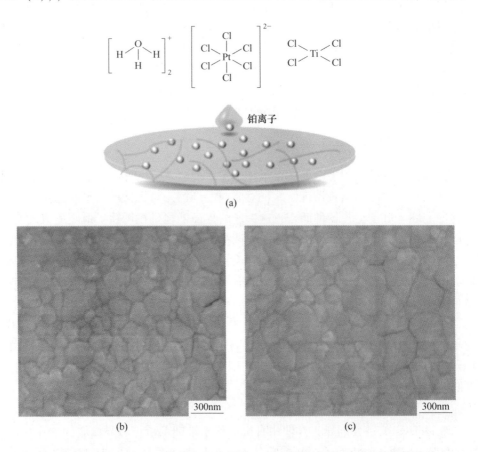

图 1-20 掺杂 H_2PtCl_6 的 TiO_2 前体溶液示意图 （a） 和沉积在纯 TiO_2 上的钙钛矿的 SEM 图像 （b） 以及沉积在掺杂 H_2PtCl_6 的 TiO_2 薄膜上的钙钛矿的 SEM 图像 （c）

界面处的电荷萃取。改性后 TiO_2 传输层结晶更加致密（见图 1-20（b）和图 1-20（c）），有效消除了其表面缺陷，且上层钙钛矿的结晶也得到显著改善，有利于形成完整覆盖无孔洞的光功能层，有效消除了界面处电荷复合带来的能量损失。这种采用离子掺杂低温水热法制备 TiO_2 电子传输层的方法，大大提高了钙钛矿电池的电子抽取效率，抑制了其电流密度-电压（J-V）曲线回滞效应，使得电池性能得到大幅度提升，开路电压（V_{oc}）高达 1.15V，填充因子（FF）可提高到 0.75，最高效率达到了 20.05%。

Tan 等[198]设计了一种简单有效的界面钝化方法，处理温度低于 150℃ 的氯封端 TiO_2 胶体纳米晶体（NC）薄膜用作 ESL。钙钛矿前体溶液中的氯化物添加剂可增强 $MAPbI_{3-x}Cl_x$（MA，甲基铵阳离子，$CH_3NH_3^+$）PSC 中的晶界钝化。他们发现 TiO_2 NCs 上的界面 Cl 原子抑制钙钛矿界面处的深陷阱状态，因此减少了 TiO_2/钙钛矿在界面复合接触。界面 Cl 原子也导致强电子耦合和 TiO_2/钙钛矿平面结处的化学结合。形貌如图 1-21 所示，具有独立认证的无滞后平面 PSC 小面积（0.049cm²）器件的 PCE 为 20.1%，大面积器件（1.1cm²）的 PCE 为 19.5%。并且平面 PSC 表现出出色的稳定性，在恒定的单太阳光照下，并在

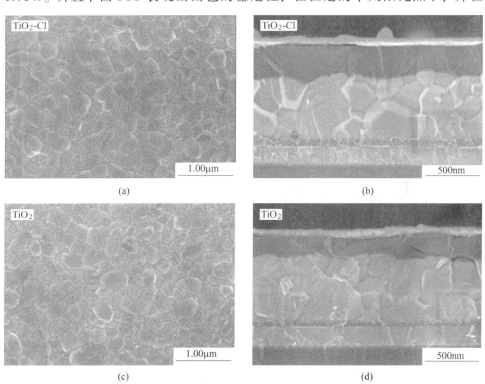

图 1-21 钙钛矿薄膜的俯视 SEM 图像 TiO_2-Cl(a)（b）和 TiO_2（c）

(d) 上的平面 PSC 的横截面 SEM 图像

500h 后保持其初始性能的 90%（暗恢复后为 97%）。

在器件的组装和测试过程中，空气中的氧含量和湿度都会影响到器件每一层的稳定性。首先，由于钙钛矿材料 $CH_3NH_3PbI_3$ 的吸湿性，在湿度较高的环境下会分解成 CH_3NH_3I、CH_3NH_2、HI 和 PbI_2。HI 进一步分解有两种方式，一种是在氧气的作用下发生氧化还原反应，另一种是在紫外光照下分解成 H_2 和 I_2 的光化学反应，HI 的消耗驱动着整个降解反应的进程[199]。另外，TiO_2 表面吸附的水和羟基也严重影响着器件的稳定性。因此，Wang 等[200]在 TiO_2 表面引入了一层 MgO，以此来减少 TiO_2 表面的水含量，同时也减少 TiO_2 和钙钛矿材料的直接接触，抑制了钙钛矿材料因对水和氧气敏感而发生的降解。有研究发现介孔结构（$m\text{-}TiO_2$）钙钛矿太阳能电池的不稳定性主要来自光诱导表面吸附的氧气，只有在惰性气氛且封装的情况下，才能有效地阻止器件效率的急剧下降[201]。除了氧化镁，Li 等也分别将 CsBr 和 Sb_2S_3 嵌入界面以保护钙钛矿材料，有效地维持了电池的光电转化效率，如图 1-22 所示为紫外光照下 CsBr 修饰前后钙钛矿薄膜的吸光度。将未封装的器件暴露在光照下时，未经 CsBr 界面修饰的钙钛矿太阳能电池光电转化效率在 12h 内很快降为 0，因发生分解，活性层的颜色由深棕色变为黄色，而经 CsBr 修饰过的器件则能长时间保持效率不变[202]。

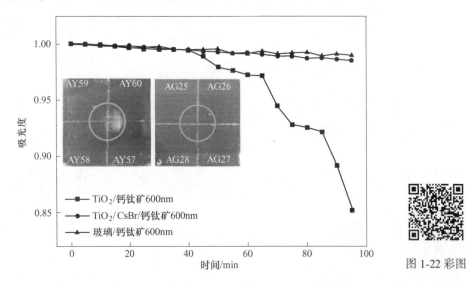

图 1-22 紫外光照下 CsBr 修饰前后器件的吸光度

在反型 p-i-n 结构中，PCBM 等富勒烯衍生物通常由于其较好的溶解性、很高的电子迁移率被用作电子传输材料。钙钛矿/电子传输层之间的界面工程是为了阻挡空穴的传输，降低电荷传输的势垒，提高器件的稳定性。Shao 等[203]研究了 PCBM 对反式钙钛矿太阳能电池器件性能的影响，PCBM 由于其无序性引起的缺陷态，导致器件的开路电压较低。他们通过溶剂退火成功制备了有序的 PCBM 层，开路电压从 1.04V 增加到了 1.13V，同时填充因子 *FF* 也得到了提高，最终器件效率为 19.3%。为了提高器件的稳定性，同样可以利用 n-型金属氧化物来制备反式器件。Bush 等[204] 使用溶液沉积的方法，采用 ZnO 纳米颗粒作为 PCBM 的修饰层材料，ZnO 修饰层能够保护底层的有机 PCBM 和钙钛矿层，但是由于功函数失调使得器件性能不好，故将铝（摩尔分数为 2%）掺杂氧化锌（ZnO）纳米颗粒来消除电荷萃取障碍，提高电子传输效率，使效率提高到 13.5%。Chen 等[205] 通过简单溶液法，在 Ag 电极和电子传输层 PCBM 之间引入高稳定性金属乙酰丙酮化合物（ZrAcac，TiAcac，HfAcac），由此有效增强了 PCBM 的电子抽取能力，器件结构和能带如图 1-23 所示，实验结果显示：金属乙酰丙酮化合物可以很好地调节电极表面功函数，产生匹配的界面能带弯曲，形成优异的电荷转移通道，促进了电子的高效传输。基 ZrAcac 界面工程改性的小面积器件的最佳电池效率达到 18.69%，用该方法制备的大面积电池效率也达到了 16.01%，且无明显的滞后现象。

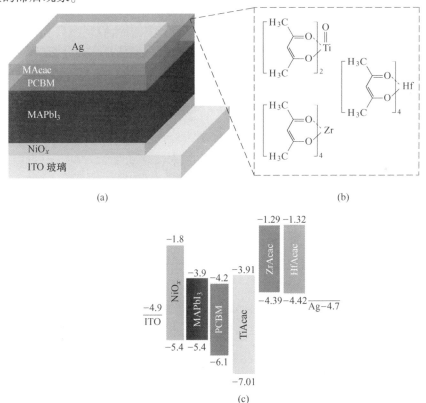

图 1-23 倒置钙钛矿太阳能电池器件的堆叠层 ITO/NiO$_x$/MAPbI$_3$/PCBM/MAcac/Ag（a）和金属乙酰丙酮化物 CILs 的分子结构（b）以及倒置结构钙钛矿太阳能电池的能带图（c）

1.4.3.2 钙钛矿/空穴传输层之间的界面

钙钛矿/空穴传输层界面同样对器件性能诸如空穴的抽提、钙钛矿形貌的控制以及稳定性有着相似的影响。对空穴传输层做界面修饰是为了填补孔洞并优化能级，增强空穴的传输能力及阻挡电子的逆向传输，spiro-OMeTAD 是使用最为广泛的空穴传输材料。

对于正置结构的钙钛矿太阳能电池来说，由于 spiro-OMeTAD 电导率的限制，需要将器件放置在空气中与氧气充分反应以提高其电导率，但这同时又加速了器件寿命的衰减。为了促进 spiro-OMeTAD 和氧气的反应和提高开路电压，Li-TFSI 和 TBP 作为另外两种添加剂被加入其中。TBP 和乙腈都可以溶解 Li-TFSI，但同时也都会加速钙钛矿的降解，因此采取一些界面工程来优化钙钛矿/空穴传输层间的界面是非常必要的[206]。Wang 等研究了 TBP 对钙钛矿材料的腐蚀作用，发现在滴加 TBP 之后，钙钛矿薄膜瞬间褪色并析出了难溶的 PbI$_2$。因此他们在钙钛矿薄膜上沉积了一层蒙脱石（MMT）来防止 TBP 腐蚀钙钛矿。红外光谱（IR）和 XRD 数据的结果都显示，MMT 可以通过氢键与 TBP 相连，避免与钙钛矿层的接触[207]。同时，考虑到 TBP 对钙钛矿的腐蚀作用，他们试图降低它在 spiro-OMeTAD 中的浓度，但是当 TBP 浓度降低了之后，spiro-OMeTAD 就难以在钙钛矿表面成膜。因此他们也在钙钛矿和空穴传输层之间引入了一层氧化石墨烯，一方面氧化石墨烯可以增加钙钛矿与空穴传输层的联系，另一方面石墨烯可以作为缓冲层抑制界面间的电荷复合[208]。

Liu 等[209]使用少量的 PbI$_2$ 作为添加剂来修饰 spiro-OMeTAD 的空穴传输层，减少空穴传输层薄膜中的孔洞，光电性能有很大提高（见图 1-24 (a)）。PbI$_2$ 在 HTL 中的使用与 TBP 和这种复合物抑制 Li-TFSI 在 HTL 中的聚集，从而防止在 HTL 中出现空隙。HTL 形态的改善有助于增强 spiro-OMeTAD 的空穴传输特性。因此，添加 PbI$_2$ 的 PSC 显示出非常快的瞬态响应（小于 1s），以达到稳态条件，大大超过了显示的瞬态时间（约 26s）。通过优化 PbI$_2$ 浓度，提高了 PSC 在效率方面的表现，其中 *PCE* 已经达到 20.3%，获得开路电压 V_{oc}、短路电流密度 J_{sc} 和填充因子 *FF* 分别高达 1.123V、23.9mA/cm^2 和 0.756（见图 1-24 (b)）。这是一种简便且可防止 Li-TFSI 在 spiro-OMeTAD 中聚集的方法，为改善 HTL 材料的特性和提高钙钛矿太阳能电池的性能提供了一种可行性，进一步推动了 PSC 的光伏性能研究发展。

对于反式器件中 PEDOT：PSS，由于其电导率可调及优异成膜性，被广泛应用于反型结构中空穴传输层，但其偏酸性和亲水性的特点在长期过程中会腐蚀 ITO 层，吸收水分并且破坏钙钛矿层，这就阻碍了其长期稳定性的研究。钙钛矿层界面工程的研究，是为了提高空穴传输层的电导率，消除钙钛矿材料所固有的不稳定性以及空穴传输层与钙钛矿之间的接触。

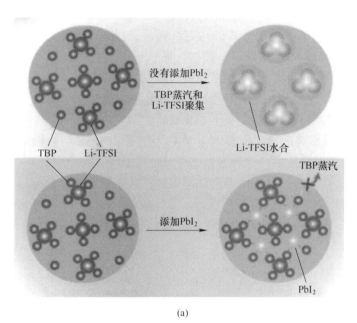

(a)

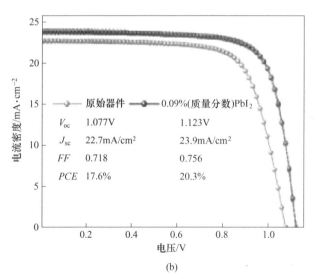

(b)

图 1-24 彩图

图 1-24 PbI_2 防止 Li-TFSI 团聚作用的示意图 (a) 以及原始和
优化器件的电流密度-电压 (J-V) 曲线 (b)

对于倒置钙钛矿太阳能电池各层材料的能级而言,PEDOT:PSS 的功函
($-5.2 \sim -4.9$eV) 与 $MAPbI_3$ 价带 (-5.4eV) 并不匹配,它并不是一个理想的空
穴传输层。通过掺杂手段,可以实现对 PEDOT:PSS 功函的调控。Lim 等报道了

在 PEDOT：PSS 中掺杂全氟离子聚合物 PFI（perfluorinated ionomer），使 PEDOT：
PSS 表面富集 PFI，从而将功函从 -4.9eV 调控到了 -5.4eV，实现了开路电压从
0.835V 增加到 0.982V[210]。对于器件的稳定性而言，首先，PEDOT：PSS 具有
酸性，会与钙钛矿材料中的氨基反应；其次，钙钛矿材料对湿度极其敏感，而
PSS 部分的吸湿性也增加了器件的不稳定性。考虑到以上缺陷，向 PEDOT：PSS
材料中加入添加剂以改变其性质逐渐得到了发展。Wang 等[211] 报告了 V_2O_5/
PEDOT：PSS 双层薄膜沉积在 ITO 电极上，并通过 V_2O_5 层提高了器件的稳定性，
使 ITO 与 PEDOT 层不直接接触。实验表明 V_2O_5/PEDOT：PSS 结构短路电流密
度 J_{sc} 增强主要是由于电荷传输特性的增强，而不是光吸收的改善。此外，V_2O_5/
PEDOT：PSS 器件表现出低的体积电容和几何电容，从而导致界面处电场的重新
分布，增强了从钙钛矿层中提取电荷的能力，而且减少了 PEDOT：PSS 与 ITO 的
直接接触腐蚀降解（见图 1-25（a）和图 1-25（b）），与传统的 PEDOT 器件相
比，效率提高了 20%。

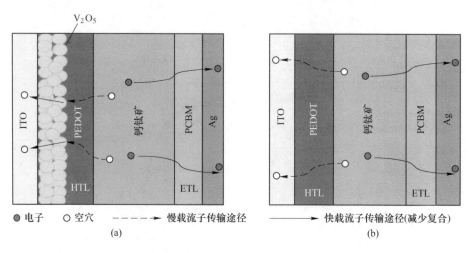

图 1-25　V_2O_5-PEDOT 双层作为空穴传输层（a）和传统
PEDOT 作为空穴传输层（b）器件示意图

由于 NiO_x 较高的功函和稳定性，是取代 PEDOT：PSS 的选择之一，Jeng
等[212]首次在钙钛矿太阳能电池中使用了 NiO_x，他们设计的器件结构为 NiO_x/钙
钛矿/PCBM，以期获得较高的开路电压。但是由于 NiO_x 电导率的限制，填充因
子 FF 较低导致器件的性能并不好。掺杂手段被认为是增加 NiO_x 电导率的最有效
方式，Jeng 等在此基础上利用溶液法低温制备了一种 Cu 掺杂的 NiO_x，Cu 由于独
特的电学性质和结构被作为掺杂剂添加到空穴传输层中。器件的电导率相对于之
前的 2.2×10^{-6}S/cm 提高到了 1.25×10^{-3}S/cm，最终取得了 17.74% 的高效率，如

图 1-26（a）和图 1-26（b）所示[213]。除了 Cu 掺杂，Li$^+$也作为掺杂剂来提高 NiO$_x$ 的导电性。Chen 等[214]通过在 NiO$_x$ 中掺杂 Li$^+$，将其电导率提高到了 2.32×10^{-3} S/cm。Mg^{2+}也被引入 LiNiO$_x$ 材料来调节其价带，器件结构为 NiMgLiO/钙钛矿/PCBM/TiNbO$_x$，因此增加了器件的空穴传输效率，在有效面积大于 1cm^2 的器件上取得了 15%的高效率，如图 1-26（c）和图 1-26（d）所示[215]。

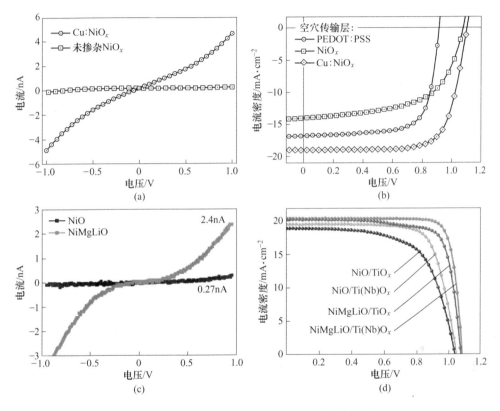

图 1-26　通过向 NiO$_x$ 添加掺杂剂以提高其导电性

（a）Cu 掺杂，以 NiO$_x$ 和 Cu：NiO$_x$ 为空穴传输层的器件 I-V 曲线图；（b）Cu 掺杂，以 PEDOT：PSS、
NiO$_x$ 和 Cu：NiO$_x$ 为空穴传输层的器件 J-V 曲线图；（c）Li 掺杂，对比以 NiO 和 Li$_{0.05}$Mg$_{0.15}$Ni$_{0.8}$O
为空穴传输层的 I-V 曲线图；（d）Li 掺杂，不同空穴传输层制备的器件 J-V 曲线图

　　为了提升钙钛矿电池的 PCE 和提高器件稳定性，科研工作者着重改进电池结构、使用新材料和优化钙钛矿薄膜形态三个方面。新材料的使用包括新的空穴传输材料和界面改性材料等。影响钙钛矿太阳能电池稳定性的因素很多，由于溶液法制备工艺的多晶性限制，制备的钙钛矿薄膜存在大量的缺陷和明显晶界。通过界面修饰优化器件的形貌以减少缺陷和晶界，可以大幅度提高 PCE 和稳定性。精确的界面工程，可以优化钙钛矿薄膜的形态。旋涂是溶液处理钙钛矿太阳能电

池中最常用的方法（因为具有简单性和灵活性），结合温度退火、溶剂退火和添加各种添加剂等。通过这种方式，可以填充钙钛矿薄膜表面的空隙，也可以在空穴/电子传输层（HTLs/HELs）上生长大晶粒。因此，钙钛矿层的结构对相邻界面的性质高度敏感，例如聚（3,4-乙烯二氧噻吩）：聚（苯乙烯磺酸盐）(PEDOT：PSS)，广泛用作平面钙钛矿中的缓冲层太阳能电池。尽管这些有效策略在 *PCE* 方面取得了重大成就，但形成连续、均匀的钙钛矿薄膜仍然是一项关键挑战。

1.5　研　究　内　容

有机太阳能电池作为一种新型无污染的可再生能源，引起人们的广泛关注，基于聚合物和小分子的有机太阳能电池和有机-无机杂化钙钛矿太阳能电池研究都得到了飞速发展，取得了巨大的进展，但距实用化还有一段距离。高性能的光伏材料要求材料本身具备窄带隙、宽吸收、与受体材料的能级匹配、高迁移率等优点，但是太阳能电池最终能否实用化，除了高的光电转化效率外，材料的溶解性、稳定性和可加工性，以及制备材料的过程都是非常重要的决定因素。

本书主要集中在对新材料的设计、合成以及表征上，同时考虑材料的溶解性、环境稳定性以及可加工性等因素，通过器件的制备优化，考察材料本身结构和器件光伏性能的关系，以期获得高性能的光伏材料，为太阳能电池的发展提供一些重要信息。

本书展示了一种通过二甲亚砜（DMSO）和预制钙钛矿溶液的联合作用来优化钙钛矿薄膜形态的策略。以前的研究已经阐明了在 PEDOT：PSS 上先沉积极性溶剂如二甲基甲酰胺（DMF）、DMSO，再旋涂钙钛矿材料，它们主要导致 PEDOT：PSS 的电导率提高，但是钙钛矿形态的改善并不显著。通过钙钛矿溶液沉积和随后的 DMSO 冲洗预处理的 PEDOT：PSS 层上形成了光滑且连续的钙钛矿层[216]。该薄膜由大晶粒组成，边界面积小，结晶度提高，有利于减少电荷复合。通过溶剂工程的方法优化钙钛矿薄膜形态的策略来提高结晶度，从而改善器件的稳定性。

2 喹喔啉类交替共轭聚合物的设计合成及性能研究

　　近年来，有机太阳能电池由于成本低、质量轻便及可柔性制作引起人们的广泛关注[217-220]。体异质结太阳能电池是目前有机太阳能电池的主流结构，活性层由富电子的给体材料和缺电子的富勒烯衍生物共混而成[15]。基于 P3HT 和 PCBM 共混的太阳能电池研究最多，也最为详尽，其光电转化效率达到 4% ~ 5%[28, 221-225]，取得这样的效率，与 P3HT 好的结晶性和高的载流子迁移率有很直接的关系[224,226]。但是，基于 P3HT 的太阳能电池较低的开路电压限制了其光电转化效率的进一步提高，距实用化还有一定距离。一般来说，开路电压是由给体聚合物的 HOMO 能级和受体富勒烯衍生物的 LUMO 能级差决定的[227-229]，因此降低给体材料的 HOMO 能级是提高太阳能电池开路电压的一种有效途径。

　　窄带隙的共轭聚合物由分子内部能够形成"推-拉"结构的单元交替共聚而成。通过给体单元和受体单元使分子内部形成有推拉结构的材料，可以增加分子内部电子的离域，扩大分子的共轭能力，减小材料的带隙，拓宽材料的吸收。这类聚合物的研究引起人们的极大关注[230-233]。常用的给体单元是富电子的芴、硅芴、咔唑、苯并二噻吩等结构单元，受体单元是缺电子的含有碳氮双键和碳氧双键构成的结构单元，例如喹喔啉、苯并噻二唑、萘并噻二唑、噻吩吡咯二酮、二并吡咯二酮等。人们在不断地重组这些单元，调节所得材料的带隙，并通过对这些材料进行取代基的修饰等手段，来探寻性能优越的聚合物材料，目前已经取得了巨大的成绩。受体材料中 2,3-二苯并喹喔啉是较常见、易合成的一种结构单元，有很多文献报道了其在交替共轭聚合物中的应用，取得了不错的结果[114,123,127-128]。为了解决溶解性的问题，常在取代苯环上引入烷氧链，烷氧基的位置对聚合物的 HOMO 能级有很大的影响，从而导致太阳能电池中 V_{oc} 的不同。为了优化聚合物的 HOMO 和 LUMO 能级，需要对侧链以及其所在位置进行更为详尽的研究。

　　本章创新点是在 2,3-二苯并喹喔啉的 6 位和 7 位引入辛氧基。同时，在取代苯环上的对位或间位也引入辛氧基，分析研究不同位置的取代基对聚合物性能的影响[234-235]。本章以 3 种不同取代基的喹喔啉受体单元分别和最常见的给体单元芴和咔唑合成了 6 种聚合物。结构如图 2-1 所示。对 6 种聚合物的光谱性质、电化学性质、场效应以及光伏性能进行了考察，这些聚合物有很好的溶解性和可加工性，室温下易溶解，有非常好的成膜性，器件的光电转化效率最高达到 3.3%，迁移率都大于 $10^{-4}cm^2/(V \cdot s)$。这些聚合物普遍具有较高的开路电压，其中 PCTQ001 的开路电压最高，为 0.99V。

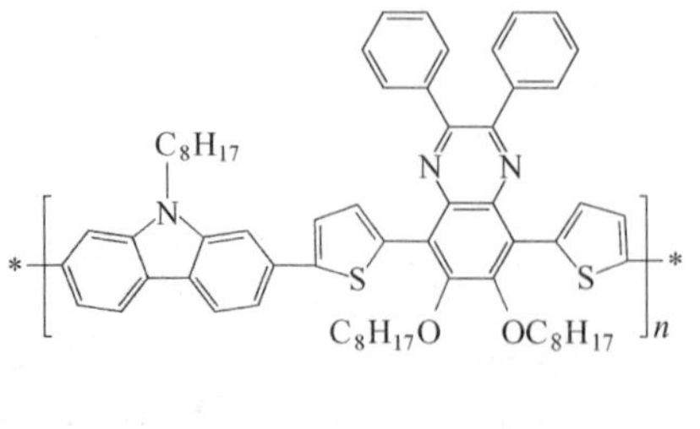

PCTQ001

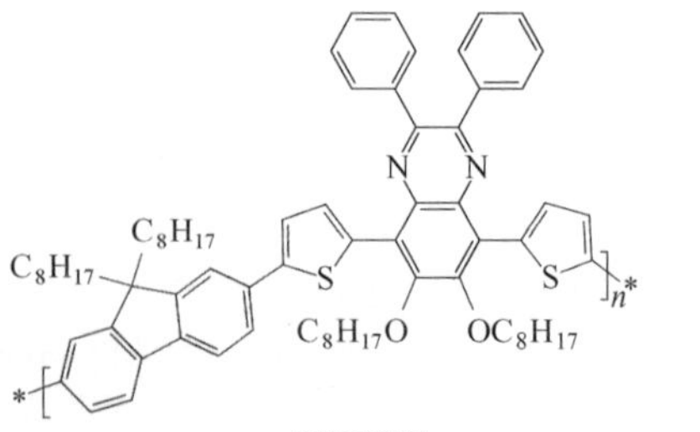

PFTQ001

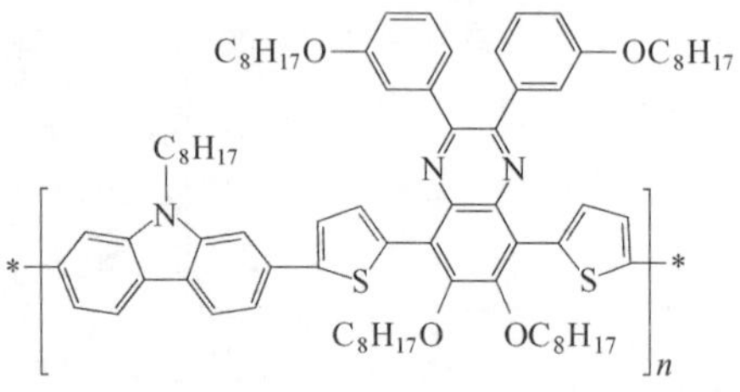

PCTQ002

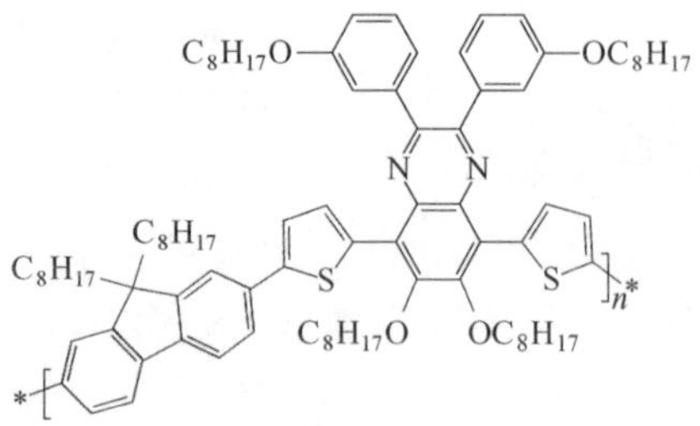

PFTQ002

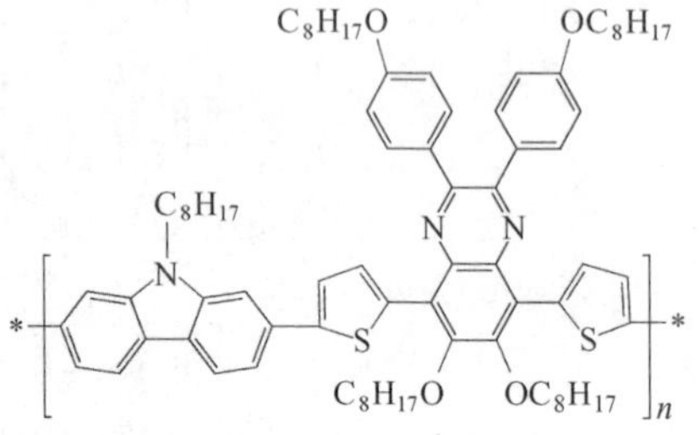

PCTQ003

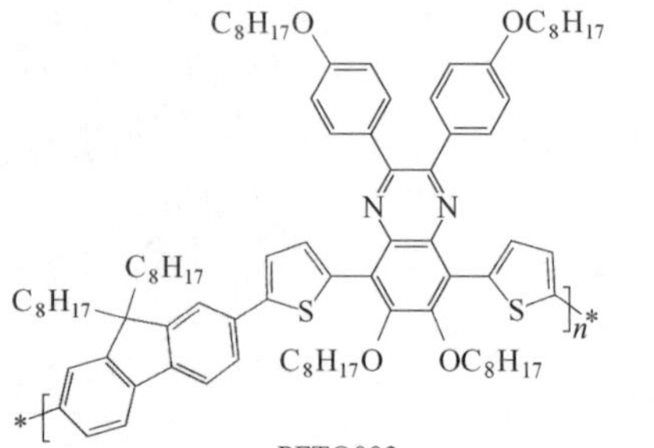

PFTQ003

图 2-1　不同喹喔啉受体单元的 6 个聚合物

2.1　实 验 部 分

2.1.1　试剂与仪器

实验中所使用的试剂，如果没有特殊说明，均从国内购买直接使用，未经进一步纯化。催化剂 $Pd(PPh_3)_4$ 按照文献方法合成[236]，溶剂四氢呋喃、甲苯在氮气气氛下加入金属钠用二苯甲酮作指示剂回流干燥，溶液变蓝紫色证明除水干净收集使用。二氯甲烷、三氯甲烷和正己烷在氮气气氛下用氢化钙除水干燥。化合物 1、2、3、4 和单体 M1、M2、M3 的合成按照文献方法[237-238]，每一步反应都在氮气气氛中进行，反应使用 TLC 硅胶板 F$_{254}$点板监测。使用青岛美高的硅胶（200~300 目）进行柱层析分离。

化合物表征的核磁氢谱、碳谱用氘代氯仿作溶剂，仪器采用 Bruker AV 400 或 AV600；MALDI-TOF 由 Bruker Daltonics Reflex Ⅲ 给出。元素分析结果由 Flash EA 1112 分析仪或 Carlo Erba 1106 分析仪给出。分子量结果由凝胶渗透色谱仪 PL-220 给出，标准样品使用单分散聚苯乙烯，用四氢呋喃作为流动相。紫外-可见吸收光谱数据由 Perkin Elmer UV-Vis Spectrometer model Lambda 750 测试，荧光光谱由 FluoMax-4 荧光仪测试。热失重分析（TGA）结果由 TA2100 在氮气保护下加热速度 10℃/min 测得，差示扫描量热分析（DSC）由 Perkin-Elmer Diamond DSC 仪器在氮气保护下升温和降温速度 20℃/min 测得；薄膜形貌图用原子力显微镜以轻敲模式由 Nanoscope ⅢA 给出，薄膜厚度使用 Dektak 6M 表面轮廓仪测得。电化学行为由 CHI630a 型电化学工作站测定，以 4.8eV 为二茂铁氧化还原体系的真空能级，采用标准的三电极，铂丝电极为对电极，Ag/AgNO$_3$（0.01mol/L，在 CH$_3$CN 中）为参比电极，玻碳电极为工作电极，在室温氮气气氛保护下，以浓度为 0.1mol/L 的四丁基六氟磷铵溶液为电解液，进行测试[239]。

2.1.2 聚合物太阳能电池器件制作和性质表征

本书相关实验中，聚合物有机太阳能电池的结构是 ITO/PEDOT：PSS/polymer：PCBM/LiF/Al。锡铟金属氧化物（ITO）玻璃使用前一定要保证玻璃片的干净。洗涤过程：首先用无泡沫清洗剂洗涤导电玻璃，然后用二次水超声清洗 10min，接着使用氨水、过氧化氢、二次水体积比为 6∶6∶30 的溶液，在 100℃加热约 15min，再用二次水冲洗 10 次。之后，用旋膜机旋掉玻璃表面的水，再旋涂 PEDOT：PSS（PEDOT：PSS 的型号 Baytron AI 4083），使用前用 0.45mm 的聚偏氟乙烯（PVDF）过滤；转速为 3000r/min，时间 1min，厚度约为 40nm。后将玻璃片置于 120℃的热台上干燥 15min。聚合物和受体 PC$_{71}$BM 按比例溶解在邻二氯苯中，室温下搅拌过夜，后旋涂在 PEDOT：PSS 上，可以通过浓度和转速调节膜的厚度。将旋好的器件转移到手套箱中抽真空到 10^{-4}Pa，蒸镀 LiF 大约 0.5nm 和 100nm 的 Al。每个 ITO 玻璃片上有 5 个器件，每个器件的面积为 0.04cm^2。使用 Keithley 2400 仪器在室温下测试电流-电压特性曲线，测试的光强为 100mW/cm^2 的 AM 1.5G AAA 级光源（model XES-301S，SAN-EI），光源使用前用标准单晶硅太阳能电池校准。

2.1.3　聚合物场效应器件的制作和测试

场效应器件采用顶接触电极的方法制作，基底为 Si/SiO$_2$，底部采用 N 掺杂的 Si 为栅极，SiO$_2$ 厚度为 500nm，电容为 7.5nF/cm^2，作为栅极的绝缘层。Si/SiO$_2$ 的基底先用二次水超声清洗 10min，然后使用浓硫酸和 H$_2$O$_2$（体积比为 2∶1）的混合溶液加热处理，随后再用二次水、异丙醇、丙酮分别超声清洗 10min。最后使用十八烷基三氯硅烷（OTS）进行修饰，使其化学吸附上十八烷基硅的单分子层[240]。将纯聚合物的氯仿溶液（质量浓度为 7mg/mL）旋涂在已修饰 OTS 的基底上成膜。将制备好的器件转移到手套箱中抽真空到 10^{-4} Pa，蒸镀金大约 40nm。形成的沟道宽长比为 50∶1（沟道宽度为 2.5mm，长度为 50μm）。通过微探针 6150 检测台的 Agilent B2902A 测量仪和对应的软件测试器件的输出曲线和转移特性曲线，通过转移特性曲线可以计算出相应的迁移率和开关比。

2.1.4　材料的合成及结构表征

聚合物的合成路线如图 2-2 所示。

图 2-2（a）的条件和试剂：（Ⅰ）Zn，HAc，回流；Benzil，HAc，60℃；（Ⅱ）2-thiopheneboronic acidpinacol ester，Pd$_2$(dba)$_3$，P(PhMe)$_3$，K$_2$CO$_3$，Bu$_4$NBr，

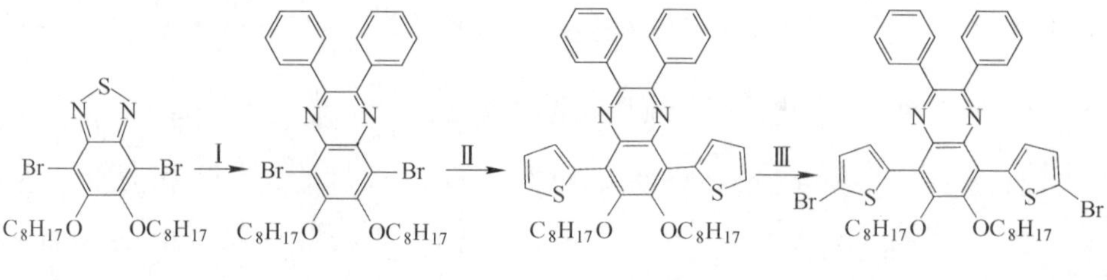

(a)

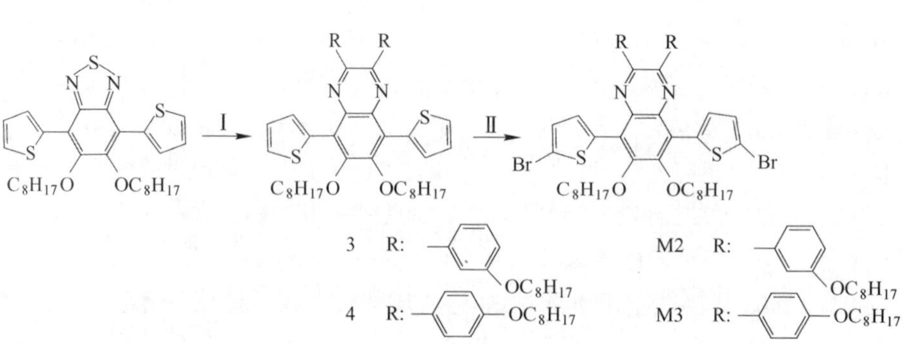

(b)

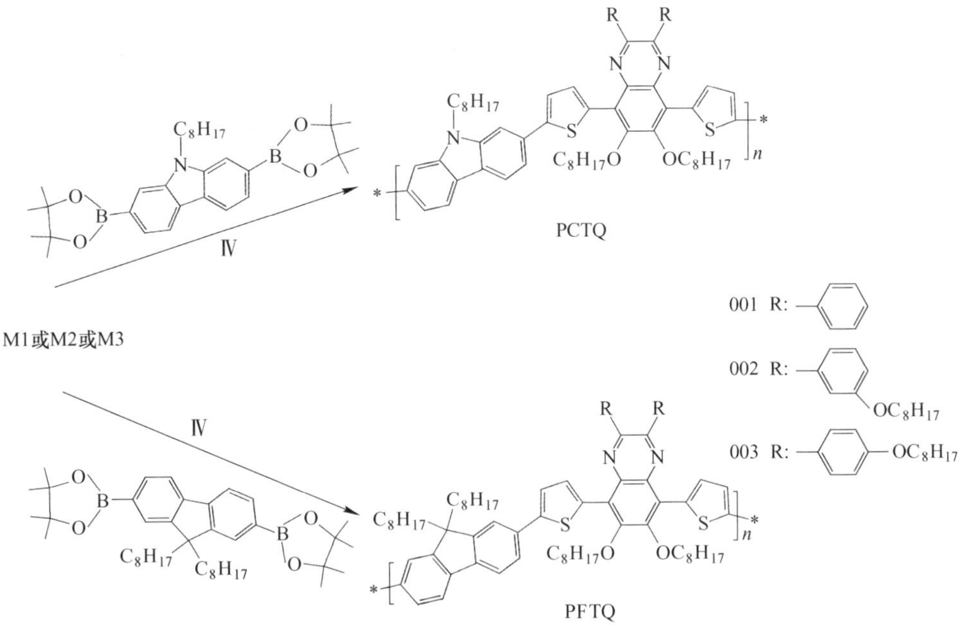

图 2-2　聚合物的合成路线

Toluene-H₂O，回流；（Ⅲ）NBS，CHCl₃，25℃，12h；（Ⅳ）Pd₂(dba)₃，P(o-PhMe)₃，NaHCO₃，toluene-THF（体积比 1∶3），回流。

图 2-2（b）的条件和试剂：（Ⅰ）Zn，HAc，回流； 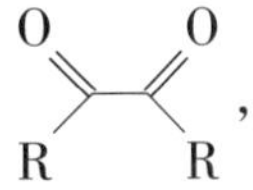
$$\underset{R}{\overset{O}{\|}}\underset{R}{\overset{O}{\|}}$$
，HAc，60℃；（Ⅱ）NBS，THF，25℃，12h。图 2-2（c）的（Ⅳ）Pd₂(dba)₃和 P(PhMe)₃（或 Pd(PPh₃)₄）；NaHCO₃，Toluene-THF（体积比 1∶3），回流。

2.1.4.1　化合物 5,8-二溴-6,7-二辛氧基-2,3-二苯基喹喔啉（1）的合成

将 4,7-二溴-5,6-二辛氧基苯并噻二唑（3.0g，5.45mmol）、Zn 粉（10.64g，163.5mmol）和 90mL 的醋酸加入反应瓶中充脱氮气 3 次，80℃反应 3h，点板监测反应停止，抽滤除去多余的 Zn 粉。将二苯基乙二酮（2.29g，10.9mol）溶解于 10mL HAc 中，然后全部加入反应瓶中，60℃反应 1h 后调至室温，反应 2d，停止反应，加水淬灭，然后用碳酸氢钠饱和水溶液中和。用二氯甲烷（3×100mL）萃取，收集有机相，用无水硫酸镁干燥过夜。然后旋蒸掉有机相，用柱

层析分离，用石油醚和二氯甲烷体积比为 3∶1 的溶剂作洗脱剂进行分离，收集产物，得白色固体 2.28g，产率 66%。^{1}H NMR（CDCl$_3$，400MHz，d）δ（×10^{-6}）：7.56—7.53（4H），7.33—7.25（6H），4.14（4H，t，J=6.4Hz），1.88—1.25（24H，12×CH$_2$），1.18（6H，t，2×CH$_3$）。^{13}C NMR（100MHz，CDCl$_3$）δ（×10^{-6}）：153.80，152.67，138.22，137.11，130.23，129.22，128.27，117.2，74.87，31.83，30.39，29.41，29.26，26.03，22.64，14.07。MS（APCI）：计算值为 696.6，实测值为（[M+1]$^+$）698.0。

2.1.4.2　化合物 6,7-二辛氧基-2,3-二苯基-5,8-二噻吩喹喔啉（2）的合成

将化合物 1（1.5g，2.15mmol）、噻吩硼酸酯（1.35g，6.45mmol）、碳酸钾（2.97g，21.5mmol）和 Bu$_4$NBr（18mg，0.05mmol）加入 500mL 的截门瓶中，搅拌，脱气，加入 30mL 甲苯和 5mL 水，继续脱气，使反应瓶充满氮气，加入 Pd$_2$(dba)$_3$（0.067g，0.0645mmol）和 P（o-PhMe）$_3$（0.19g，0.645mmol），再次脱气。在氮气氛围下，搅拌，回流 3d。停止反应，冷却，用二氯甲烷（3×100mL）萃取，收集有机相，无水硫酸镁干燥，过滤，旋蒸掉溶剂，用柱层析分离，用石油醚和二氯甲烷体积比为 5∶1 的溶剂作洗脱剂分离，收集产物，得黄色固体 2.33g，产率 55.6%。^{1}H NMR（400MHz，CDCl$_3$）δ（×10^{-6}）：8.06—8.05（d，J=4.0Hz，2H），7.67—7.64（4H），7.56—7.55（d，J=5.2Hz，2H），7.34—7.32（6H），7.22—7.20（2H），4.04—4.01（t，J=6.8Hz，4H），1.96—1.88（m，4H），1.68—1.75（m，4H），1.21—1.46（m，16H），0.80—0.84（t，6H）。^{13}C NMR（100MHz，CDCl$_3$）δ（×10^{-6}）：152.88，150.22，138.94，136.43，133.51，130.84，130.30，128.62，128.10，127.79，126.00，124.19，74.08，31.83，30.37，29.46，29.26，26.04，22.67，14.09。MS（APCI）：计算值为 703.0，实测值为（M$^+$）703.1。

2.1.4.3　化合物 5,8-二（5-溴噻吩基)-6,7-二辛氧基-2,3-二苯基喹喔啉（M1）的合成

取化合物 2（1.27g，1.81mmol）溶于 100mL 氯仿，搅拌，后将 N-溴代丁二酰亚胺（NBS）(0.66g，3.71mmol）溶解于 5mL 的氯仿中，冰浴下将 NBS 的氯仿溶液用滴液漏斗缓慢滴加到反应瓶中，室温下反应过夜，点板监测，待反应完全，加水终止反应。用二氯甲烷（3×50mL）萃取，收集有机相，用无水硫酸镁干燥，过滤后旋蒸掉溶剂得产物，用乙醇重结晶，得到橘黄色固体 1.38g，产率 88%。^{1}H NMR（CDCl$_3$，400MHz）δ（×10^{-6}）：7.89—7.88（d，J=4.4Hz，2H），7.57—7.54（m，4H），7.30—7.28（m，6H），7.07—7.06（d，J=4.1Hz，2H），4.01—3.98（t，J=6.8Hz，4H），1.78—1.71（m，4H），1.45—1.23（m，20H），

0.84—0.80(t, J=6.8Hz, 6H)。^{13}C NMR（CDCl$_3$, 100MHz）δ（$\times 10^{-6}$）：151.7, 149.5, 137.5, 134.9, 134.2, 130.2, 129.3, 127.9, 127.8, 127.2, 122.3, 115.0, 73.2, 30.8, 29.4, 28.4, 28.3, 25.0, 21.7, 13.1。MS（APCI）：计算值为 860.8，实测值为（[M+1]$^+$）862.0。

2.1.4.4 化合物5,8-二噻吩基-6,7-二辛氧基-2,3-二(3-辛氧基)苯基喹喔啉（3）的合成

将4,7-二溴-5,6-二辛氧基苯并噻二唑（2.0g, 3.60mmol）、Zn 粉（6.9g, 108mmol）和60mL 的醋酸加入反应瓶中，充脱氮气3次，80℃反应3h，点板观察至反应完全，停止反应，抽滤除去 Zn 粉。将二（3-辛氧基）苯基乙二酮（2.01g, 4.32mmol）溶解于10mL HAc 中，然后全部加入反应瓶中，60℃反应1h后调至室温，反应2d，停止反应，加水淬灭，然后用碳酸氢钠饱和水溶液中和。用二氯甲烷（3×100mL）萃取，收集有机相，用无水硫酸镁干燥，旋蒸掉有机相，用石油醚和二氯甲烷体积比为3：1的溶剂作洗脱剂进行柱层析分离，收集产物，得白色固体2.72g，产率79%。^{1}H NMR（400MHz, CDCl$_3$）δ（$\times 10^{-6}$）：8.06—8.04(d, 2H), 7.53—7.52(d, 2H), 7.32(d, 2H), 7.20—7.16(m, 6H), 6.89—6.86(m, 4H), 4.04—4.02(t, 4H), 3.89—3.86(t, 4H), 1.80—1.71(m, 8H), 1.41—1.22(m, 40H), 0.91—0.89(t, 12H)。^{13}C NMR（100MHz, CDCl$_3$）δ（$\times 10^{-6}$）：158.9, 152.8, 150.0, 140.1, 136.3, 133.5, 130.8, 129.0, 127.7, 126.0, 124.1, 122.6, 116.2, 115.4, 74.09, 68.08, 31.85, 30.39, 29.70, 29.47, 29.35, 29.30, 29.28, 29.19, 26.07, 26.05, 22.69, 14.11。分析 C$_{60}$H$_{82}$N$_2$O$_4$S$_2$ 的计算值为：C 75.11, H 8.61, N 2.92；实测值为：C 74.87, H 8.19, N 2.51。

2.1.4.5 化合物5,8-二(5-溴噻吩基)-6,7-二辛氧基-2,3-二(3-辛氧基)苯基喹喔啉（M2）的合成

取化合物2（0.82g, 0.854mmol）搅拌溶于20mL 四氢呋喃于反应瓶中，将 N-溴代丁二酰亚胺（NBS）（0.312g, 1.75mmol）溶解于10mL 的 THF 中，冰浴下将 NBS 的氯仿溶液用滴液漏斗缓慢滴加到反应瓶中，室温下反应过夜，点板观察待反应完全后，加水终止反应。用二氯甲烷（3×50mL）萃取，收集有机相，用无水硫酸镁干燥并过滤，旋蒸除去溶剂得粗产物，用石油醚和二氯甲烷体积比为6：1的溶剂进行柱层析分离，得浅黄色黏稠状固体0.78g，产率82.2%。^{1}H NMR（400MHz, CDCl$_3$）δ（$\times 10^{-6}$）：7.97—7.96(d, 2H), 7.45(2H), 7.19—7.17(2H), 7.12—7.12(2H), 7.06—7.05(2H), 6.93—6.91(d, 2H), 4.08—4.05(t, 4H), 4.00—3.97(t, 4H), 1.82—1.80(m, 8H), 1.39—1.25(m,

40H)，0.83—0.81（t，12H）。^{13}C NMR（100MHz，CDCl₃）δ（×10⁻⁶）：158.2，151.7，149.3，138.6，134.5，134.2，130.0，127.9，127.8，122.1，121.7，115.7，115.5，114.1，73.14，67.18，30.83，29.41，28.67，28.44，28.39，28.28，25.13，25.05，21.67，13.09。分析 C₆₀H₈₀Br₂N₂O₄S₂ 的计算值为：C 64.50，H 7.22，N 2.51；实测值为：C 64.37，H 6.49，N 2.33。

2.1.4.6　化合物 5,8-二噻吩基-6,7-二辛氧基-2,3-二(4-辛氧基) 苯基喹喔啉（4）的合成

将 4,7-二溴-5,6-二辛氧基苯并噻二唑 （1.0g，1.79mmol）、Zn 粉 （3.5g，53.8mmol） 和 40mL 的醋酸加入反应瓶中，充脱氮气 3 次，80℃反应 3h，点板观察至反应完全，停止反应，抽滤除去 Zn 粉。将二 （3-辛氧基） 苯基乙二酮 （1.2g，2.69mmol） 溶解于 10mL HAc 中，然后全部加入反应瓶中，60℃反应 1h 后调至室温，反应 2d 后加水淬灭，然后用碳酸氢钠饱和水溶液中和。用二氯甲烷 （3×100mL） 萃取，收集有机相，用无水硫酸镁干燥并过滤，然后旋蒸除去溶剂，用石油醚和二氯甲烷体积比为 5∶1 的溶剂作洗脱剂进行柱层析分离，收集产物，得白色固体 1.26g，产率 73.4%。^{1}H NMR（400MHz，CDCl₃）δ（×10⁻⁶）：7.97—7.96（d，2H），7.56—7.54（4H），7.48—7.46（d，2H），7.14—7.12（t，2H），6.78—6.76（d，4H），3.96—3.93（t，4H），3.91—3.88（t，4H），1.73—1.67（t，8H），1.40—1.21（m，40H），0.83—0.80（t，12H）。^{13}CNMR（100MHz，CDCl₃）δ（×10⁻⁶）：159.7，152.4，149.7，136.0，133.6，131.6，131.3，130.7，127.6，125.9，123.9，114.1，73.99，68.01，31.84，31.82，30.38，29.48，29.37，29.28，29.26，29.24，26.05，22.68，22.66，14.10。分析 C₆₀H₈₂N₂O₄S₂ 的计算值为：C 75.11，H 8.61，N 2.92；实测值为：C 75.59，H 9.85，N 2.90。

2.1.4.7　化合物 5,8-二 （5-溴噻吩基）-6,7-二辛氧基-2,3-二 （3-辛氧基） 苯基喹喔啉 （M3） 的合成

取化合物 3 （0.82g，0.854mmol） 搅拌溶于 10mL THF 于反应瓶中，将 N-溴代丁二酰亚胺 （NBS）（0.312g，1.75mmol） 溶解于 25mL 的 THF 中，冰浴下将 NBS 的 THF 溶液用滴液漏斗缓慢滴加到反应瓶中，室温下反应过夜，点板观察待反应完全后，加入 Na₂SO₃ 水溶液终止反应。用乙醚 （3×50mL） 萃取，收集有机相，用无水硫酸镁干燥并过滤，旋蒸除去溶剂得粗产物，用石油醚和二氯甲烷体积比为 6∶1 的溶剂作洗脱剂进行柱层析分离，得到橘黄色固体 0.9g，产率 94%。^{1}H NMR（400MHz，CDCl₃）δ（×10⁻⁶）：7.89—7.88（d，2H），7.54—7.52（4H），7.07—7.06 （d，2H），6.82—6.80 （d，4H），3.99—3.95 （t，4H），

3.93—3.90（t，4H），1.78—1.69（m，8H），1.41—1.33（m，40H），0.83—0.81（t，12H）。^{13}C NMR（100MHz，CDCl$_3$）δ（×10^{-6}）：159.9，152.2，150.1，135.5，135.4，131.7，131.0，130.8，128.9，123.1，115.9，114.2，74.10，68.07，31.83，31.81，30.40，29.46，29.37，29.28，29.23，26.06，22.68，22.65，14.10，14.09。分析C$_{60}$H$_{80}$Br$_2$N$_2$O$_4$S$_2$的计算值为：C 64.50，H 7.22，N 2.51；实测值为：C 64.53，H 7.35，N 2.03。

2.1.5　聚合物的合成

2.1.5.1　聚合物 PCTQ001 的合成

将单体 M1（100mg，0.12mmol）、2,7-二（4,4,5,5-四甲基-1,3,2-二氧杂硼烷-2-基）-N-辛基咔唑（61.7mg，0.12mmol）、碳酸氢钠（195mg）混合加入100mL的节瓶中，搅拌充脱氮气几次，加入5mL甲苯和15mL四氢呋喃和2mL水，继续充脱氮气，加入 Pd$_2$（dba）$_3$（1.2mg，0.0012mmol）和 P（o-PhMe）$_3$（3.53mg，0.012mmol），再次充脱氮气。在氮气氛围下，搅拌回流3d。然后冷却体系，加入苯硼酸（10mg）和 Pd（PPh$_3$）$_4$（1.8mg，1.6μmol）升温反应4h，之后再冷却加入溴苯（100μL），升温继续反应过夜完成封端。待体系冷却到室温，加入水和氯仿萃取；收集有机相，并过滤除去不溶物，将滤液浓缩，用甲醇沉降，过滤收集沉降产品，反复溶解沉降3次，收集黑红色产物115mg，产率70%。^{1}H NMR（CDCl$_3$，400MHz）δ（×10^{-6}）：8.16—8.04（m，4H），7.72—7.59（m，8H），7.50（m，2H），7.32（m，6H），4.37—4.30（m，2H），4.12（m，4H），1.86（m，6H），1.44—1.21（m，24H），0.74—0.8（m，9H）。^{13}C NMR（100MHz，CDCl$_3$）δ（×10^{-6}）：151.8，149.1，146.5，140.6，137.9，135.4，132.1，131.6，131.4，129.5，127.7，127.2，122.9，121.5，121.3，119.6，116.8，104.8，73.2，30.9，29.6，28.6，28.5，28.4，28.2，26.4，25.2，21.7，21.6，13.1，13.0。

2.1.5.2　聚合物 PFTQ001 的合成

采用与制备 PCTQ001 同样的方法制备 PFTQ001，得到红色固体，产率67%。^{1}H NMR（CDCl$_3$，400MHz）δ（×10^{-6}）：8.24—8.21（m，2H），7.80—7.74（m，10H），7.54（m，2H），7.41（m，6H），4.18（m，4H），2.12（m，2H），1.96—1.92（m，4H），1.53—1.12（m，40H），0.90—0.88（m，6H），0.81—0.75（m，12H）。^{13}C NMR（CDCl$_3$，100MHz）δ（×10^{-6}）：151.8，150.8，150.7，149.1，139.3，137.9，132.7，131.9，131.3，129.4，127.7，127.2，123.7，122.7，121.3，119.1，118.9，73.2，54.3，39.6，30.8，30.7，29.5，29.2，

29.1，28.5，28.3，28.2，25.1，22.9，21.6，21.5，13.1，13.0。

2.1.5.3 聚合物 PCTQ002 的合成

将单体 M2（200mg，0.18mmol）、2,7-二（4,4,5,5-四甲基-1,3,2-二氧杂硼烷-2-基）-N-辛基咔唑（95.2mg，0.18mmol）、碳酸氢钠（300mg）都加入 250mL的截门瓶中，搅拌充脱氮气，加入 20mL 甲苯和 60mL 四氢呋喃和 3mL 水，继续充脱氮气，加入 Pd（PPh$_3$）$_4$（2mg，0.0018mmol），反复充脱氮气。在氮气氛围下，搅拌回流 3d。然后冷却体系，加入苯硼酸（10mg）和 Pd（PPh$_3$）$_4$（1.8mg，1.6μmol）回流反应 4h，之后再冷却加入溴苯（100μL）和 Pd（PPh$_3$）$_4$（1.8mg，1.6μmol），继续回流反应过夜，封端结束。待体系冷却到室温，加水，并用氯仿萃取；收集有机相，过滤除去不溶物，将滤液浓缩，滴入丙酮中沉降，过滤收集沉降产品，反复溶解沉降 3 次，收集黑红色产物 200mg，产率 70%。^{1}H NMR（CDCl$_3$，400MHz）δ（$\times 10^{-6}$）：8.23（2H），8.13—8.11（2H），7.74（2H），7.68—7.66（2H），7.57—7.52（2H），7.23—7.21（2H），6.93—6.92（2H），4.42（2H），4.20（4H），3.86—3.84（4H），1.95—1.92（6H），1.53—1.51（m，54H），0.88—0.83（m，15H）。^{13}C NMR（100MHz，CDCl$_3$）δ（$\times 10^{-6}$）：159.1，152.7，149.8，147.6，141.6，140.0，136.2 133.0，132.5，128.9，123.8，122.7，122.4，122.3，120.6，117.8，116.4，115.3，105.7，74.18，68.13，31.88，31.83，30.58，29.59，29.44，29.36，29.25，29.19，27.39，26.19，26.05，22.69，22.66，22.61，14.11，14.04。

2.1.5.4 聚合物 PFTQ002 的合成

与合成 PCTQ002 的反应相同，用新制备的 Pd（PPh$_3$）$_4$ 催化剂，得到黑红色固体 150mg，产率 75%。^{1}H NMR（CDCl$_3$，400MHz）δ（$\times 10^{-6}$）：8.24（2H），7.76—7.73（6H），7.54（2H），7.37—7.36（4H），7.31—7.29（2H），6.95—6.93（2H），4.19（4H），3.86（4H），2.09—2.3（2H），1.96—1.93（4H），1.68—1.65（4H），1.54—1.52（4H），1.37—1.12（56H），0.90—0.87（12H），0.81—0.77（12H）。^{13}C NMR（100MHz，CDCl$_3$）δ（$\times 10^{-6}$）：158.9，152.7，151.7，149.9，146.9，140.2，140.0，136.2 133.6，132.9，129.1，124.8，123.8，122.7，122.3，120.0，119.9，116.2，115.6，74.20，68.10，55.29，31.88，31.80，30.59，30.20，29.60，29.41，29.35，29.20，26.18，26.11，23.94，14.13，14.05。

2.1.5.5 聚合物 PCTQ003 的合成

反应同上述，得到黑红色固体 110mg，产率 80%。^{1}H NMR（CDCl$_3$，

400MHz) δ(×10⁻⁶)：8.14—8.10(2H)，8.08—8.06(2H)，7.70—7.69（6H），7.63—7.61(2H)，7.52(2H)，6.85—6.83（4H），4.39(2H)，4.11（4H），3.93—3.91（4H），1.95—1.73（10H），1.43—1.41（10H），1.28—1.22（40H），0.81—0.74（15H）。¹³C NMR（100MHz，CDCl₃）δ（×10⁻⁶）：159.8，152.3，149.6，147.3，141.6，136.0，133.2，132.6，132.3，131.7，131.3，123.7，122.5，122.3，120.6，117.8，114.2，105.7，74.15，68.06，31.88，31.82，30.58，29.61，29.48，29.38，29.30，29.26，29.14，27.39，26.20，26.09，22.70、22.66、22.61、14.10。

2.1.5.6 聚合物 PFTQ003 的合成

反应同上述，得到黑红色固体 190mg，产率 85%。¹H NMR（CDCl₃，400MHz）δ（×10⁻⁶）：8.24(2H)，8.08—8.06(2H) 7.80—7.78（6H），7.56(2H)，7.52(2H)，6.96—6.93（4H），4.18（4H），4.03—4.02（4H），2.14（4H），1.94—1.82（8H），1.51（8H），1.37—1.32（36H），1.13（18H），0.91—0.76（18H）。¹³C NMR（100MHz，CDCl₃）δ（×10⁻⁶）：159.1，152.8，149.8，147.6，141.6，140.0，136.1，133.0，132.5，132.3，128.9，123.8，122.7，122.4，122.3，120.6，117.8，116.4，115.3，105.7，74.18，68.13，31.88，31.83，30.58，29.59，29.44，29.36，29.25，29.19，27.39，26.19，26.05，22.69、22.66、22.61、14.10、14.04。

2.2　实验结果与讨论

2.2.1　单体和聚合物合成

单体 M1、M2、M3 和 6 种聚合物的合成路线见图 2-2。单体 M1 的合成是由化合物 1 先还原后关环，后经 Suzuki 偶联反应连接噻吩基，然后再溴代得到橘红色固体。单体 M2、M3 由连有噻吩的苯并噻二唑还原关环，再溴代，得到的 M2 是浅黄色固体，M3 是橘红色固体。单体分别和咔唑频哪醇酯和芴的频哪醇酯经过典型的 Suzuki 偶联反应得到，聚合物 PCTQ001 和 PFTQ001 用 Pd₂(dba)₃ 和 P(o-PhMe)₃ 配合作催化剂进行缩聚得到，其他 4 个聚合物用 Pd(PPh₃)₄ 作催化剂进行缩聚得到，产率都在 70% 左右。通过偶联反应得到了分子量高、分散系数较小的聚合物，其重均分子量、数均分子量和多分散系数由凝胶渗透色谱仪（GPC）测得，以聚苯乙烯为标样。数据见表 2-1。

该系列聚合物都是深红色固体，咔唑类的颜色较深，芴类的颜色较浅，其差异可能是由于咔唑上的 N 原子参与共轭，使电子离域范围更大，拓展了吸收范围。6种聚合物都有很好的溶解性，能溶解于二氯甲烷、三氯甲烷、四氢呋喃、氯苯等。在器件制作过程中，溶液只需要在室温下搅拌即可，这既简化了操作，又节约了能源。

表 2-1　数均分子量 M_n、重均分子量 M_w、分布系数 PDI
和聚合物热分解温度（失重 5%）T_d

聚合物	$M_n/\text{kg} \cdot \text{mol}^{-1}$	$M_w/\text{kg} \cdot \text{mol}^{-1}$	PDI	$T_d/℃$
PCTQ001	8.0	11.0	1.43	343
PFTQ001	17.0	31.0	1.81	348
PCTQ002	13.7	25.1	1.83	349
PFTQ002	20.0	33.0	1.65	350
PCTQ003	12.6	21.4	1.69	348
PFTQ003	15.0	25.0	1.69	347

2.2.2　聚合物的光学和热学性质研究

图 2-3 为 6 种聚合物在氯仿溶液和薄膜中的紫外-可见吸收光谱。所有的聚合物在氯仿溶液中都在 300~550nm 范围内有两组较强的吸收峰，在短波长的吸收峰位于 386nm 左右，来自共轭单元咔唑或芴的电子 π-π^* 跃迁；长波长的吸收峰位于 485nm 左右，这部分吸收归因于聚合物给受体单元之间强的分子内电荷转移（ICT）相互作用。从氯仿溶液到薄膜中，所有聚合物的吸收光谱都发生了红移并变宽，这归因于在固体状态下聚合物的聚集和有序的 π-π 相互作用。从图 2-3 (b) 中可以看出，含有咔唑单元的聚合物，在薄膜吸收谱中的红移比含有芴单元的要大，这是因为咔唑单元上只有单条烷基链，更有利于分子在薄膜中的 π-π 堆积。PCTQ001、PCTQ002、PCTQ003 同是含有咔唑的聚合物，但是不含侧链的 PCTQ001 红移更多一些，为 52nm，这表明在薄膜中 PCTQ001 分子间的相互作用更强一些，不受侧链空间位阻的影响。而对于侧链处于间位的 PCTQ002 比侧链处于对位的 PCTQ003 红移要少一些，可能是因为处于间位的位阻大于处于对位的位阻。值得注意的是，对于含芴的聚合物不论是在溶液中还是薄膜中，侧链在间位的 PFTQ002 最大吸收峰位都是最大的，不含侧链的 PFTQ001 居中，而侧链在对位的 PFTQ003 最小，这可能除了受空间位阻效应影响外，电子效应的影响起了主导作用。处在间位的烷氧链对整个分子来说是吸电子的，也就是增加了喹喔啉接受电子的能力，增强了分子内部电荷转移的能力，故吸收峰向长波移动；而处在对位的烷氧链是给电子的，相对减弱了其母体二苯基喹喔啉吸电子的能力，因此导致分子内部电荷转移的能力减弱，故吸收波长变短；而不含侧链的处

于中间的位置。聚合物的吸收受到侧链空间位阻和电子效应的双重影响，对于含咔唑单元的喹喔啉聚合物，位阻效应占主导；而对于含芴单元的喹喔啉聚合物，电子效应占主导；6 种聚合物的光学性质总结见表 2-2。

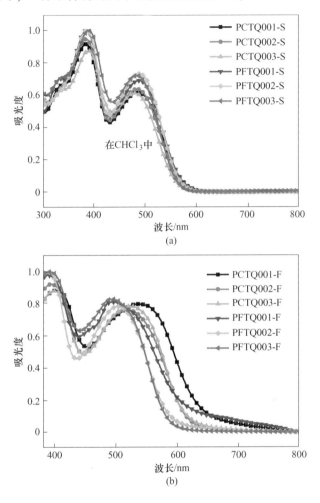

图 2-3 聚合物在氯仿溶液中和薄膜中的紫外-可见吸收光谱

表 2-2 6 种聚合物的光学性质

聚合物	λ_{max}（溶液）/nm	λ_{max}（膜）/nm	起始 λ/nm	吸收波长红移 λ/nm	$E_{g,opt}$	HOMO/eV	LUMO/eV	E_g-E_{CT}/eV
PCTQ001	488	540	645	52	1.92	−5.31	−3.39	0.36
PCTQ002	484	517	613	33	2.02	−5.35	−3.33	0.42
PCTQ003	479	524	625	45	1.98	−5.36	−3.38	0.37

续表 2-2

聚合物	λ_{max}（溶液）/nm	λ_{max}（膜）/nm	起始 λ/nm	吸收波长红移 λ/nm	$E_{g,opt}$	HOMO/eV	LUMO/eV	$E_g - E_{CT}$/eV
PFTQ001	487	494	626	7	1.98	−5.41	−3.43	0.32
PFTQ002	489	504	599	15	2.07	−5.50.	−3.43	0.32
PFTQ003	483	490	587	7	2.11	−5.46	−3.35	0.40

如图 2-4 所示，通过热重分析（TGA）显示这些聚合物具有良好的热稳定性，氮气气氛下其 5% 热失重温度达到 350℃左右，具体数值见表 2-1。差示扫描量热分析（DSC）显示在 50~300℃，这些聚合物没有明显的玻璃化转变温度。

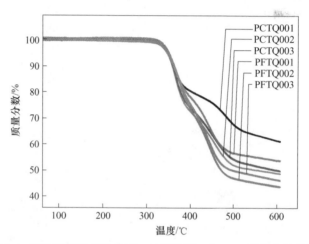

图 2-4 彩图

图 2-4 聚合物在氮气保护下，升温速率 10℃/min 的热失重分析

2.2.3 聚合物的电化学性质研究

利用循环伏安法（CV）测定该 6 种聚合物的电化学性质，以 4.8eV 为二茂铁氧化还原体系的真空能级，采用标准的三电极，铂丝电极为对电极，Ag/AgNO₃（0.01mol/L，在 CH₃CN 中）为参比电极，玻碳电极为工作电极。聚合物溶于氯仿溶液，质量浓度为 10mg/mL，滴到玻碳电极上慢慢挥发成膜，使用四丁基六氟磷铵（TBAPF₆）的乙腈电解液（0.10mol/L）为支持电解质，扫描速率为 100mV/s，在通氮气 15min 后开始测试。在氧化扫描过程中聚合物呈现部分可逆性，表明聚合物有一定的抗氧化能力。如图 2-5 所示为采用循环伏安法得到的聚合物的电流-电压特性曲线。根据式（2-1）[241]，聚合物 PCTQ001、PCTQ002、PCTQ003、PFTQ001、PFTQ002、PFTQ003 的起始氧化峰分别为 0.60eV、0.63eV、0.65eV、0.70eV、0.79eV、0.75eV。

$$E_{\text{HOMO/LUMO}} = -(E_{\text{onset(vs Ag/Ag}^+)} - E_{\text{onset(Fc/Fc}^+\text{vs Ag/Ag}^+)}) - 4.8\text{eV} \quad (2\text{-}1)$$

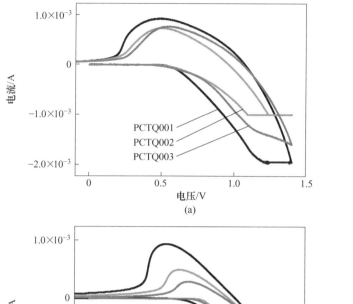

(a)

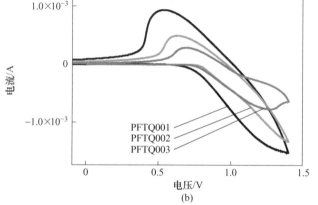

(b)

图 2-5 彩图

图 2-5　聚合物 PCTQ001、PCTQ002、PCTQ003（a）和 PFTQ001、

PFTQ002、PFTQ003（b）的电化学性质

（扫描速率为 100mV/s，在氮气气氛下）

在同样测试条件下，$E_{\text{onset(Fc/Fc}^+\text{vs Ag/Ag}^+)} = -0.09\text{eV}$，可以计算其对应的 HOMO 能级为 $-5.31 \sim -5.50\text{eV}$。这些聚合物都有较低的 HOMO 能级，实验预期基于这些聚合物的器件应具有较高的开路电压。通过光学带隙和公式 $E_{\text{LUMO}} = E_{\text{HOMO}} + E_{\text{gap}}$ 可以计算出相对应的 LUMO 能级，见表 2-2，这些聚合物有相对高的 LUMO 能级，可以确保电荷转移有足够的驱动力[242]，$E_{\text{g}} - E_{\text{CT}}$ 都大于 0.1eV[26]。HOMO 能级和 LUMO 能级的数据显示，这些材料适合做太阳能电池的给体材料。

2.2.4　聚合物溶解性能的研究

聚合物的溶解性对可溶液加工的光伏材料来说是重要的性能指标。从材料的制备到器件的加工，每一步操作都与聚合物的溶解性有着密切关系。一般来说，聚合物的溶解性越好，其制备和纯化就越容易，而器件制作中溶液的配制、薄膜的加工以及器件最终的性能也都要求聚合物有较好的溶解性。以常用的氯仿作溶剂，在室温下，称取相同质量 5mg 的 6 种聚合物，溶于不同体积的氯仿，进行溶解性的测试，实验过程中无需搅拌，首次加入 50μL 的氯仿，然后每次添加 50μL 的氯仿进行观察，对比可以给出每种化合物的溶解范围，具体的数据列于表 2-3，表中的氯仿体积是聚合物完全溶解所需要的体积。

表 2-3　聚合物的溶解性

样品	质量/mg	氯仿溶液体积/μL	溶解度/mg·mL^{-1}
PCTQ001	5	500	10~12.5
PCTQ002	5	100	50~100
PCTQ003	5	50	>100
PFTQ001	5	150	33~50
PFTQ002	5	50	>100
PFTQ003	5	50	>100

实验结果表明，含有咔唑单元的聚合物溶解性比连有芴单元的差，原因是咔唑单元上的 N 原子上仅连有一条烷基链，而芴单元上有两条在芴平面外的烷基链。侧链苯环上连有烷氧链的聚合物显示了非常好的溶解性，除了 PCTQ002，溶解度都大于 100mg/mL，这对聚合物来说是很难达到的。正是由于聚合物优异的溶解性，在器件制作过程中，溶液配制和薄膜的加工过程都不需要加热，这对今后太阳能电池的实用化有重要意义。

2.2.5　聚合物场效应的研究

聚合物载流子的传输性能是通过制作有机场效应器件测定的，使用底栅、顶电极接触的方法，测试结果表明，这 6 种聚合物是典型的空穴传输材料，分别给出了输出曲线和转移特性曲线，迁移率是根据转移特性曲线通过式（2-2）计算得出的：

$$I_{SD} = [W/(2L)]C_i\mu(V_G - V_T)^2 \tag{2-2}$$

其中沟道宽度 $W=2.5mm$，长度 $L=50\mu m$，形成的沟道宽长比为 50∶1；C_i 表示栅极绝缘层的单位面积电容（SiO$_2$，500nm，$C_i=7.5nF/cm^2$），如图 2-6 所示。

场效应器件没有进一步优化。测得这些聚合物的空穴迁移率大于 10^{-4} cm^2/（V·s）（见表 2-4），值得注意的是，虽没有进一步优化，但是都是在相同条件下测试的。侧链苯环上烷氧基在间位的 PCTQ002 和 PFTQ002，空穴迁移率都明显高于其他的聚合物，可能还是间位基团吸电子能力的影响，使共轭主链的吸电子能力也有所提高，分子间相互吸引力增强，使分子排列得较为规则整齐。总之，这些聚合物有较好的传输性能，具备作为太阳能电池材料的性质。

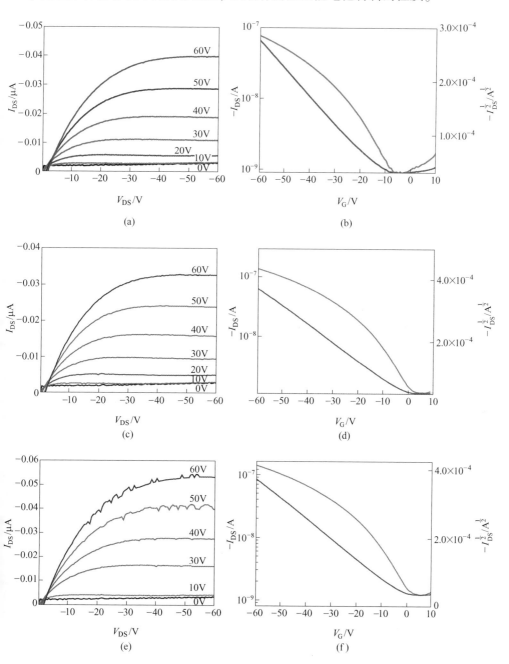

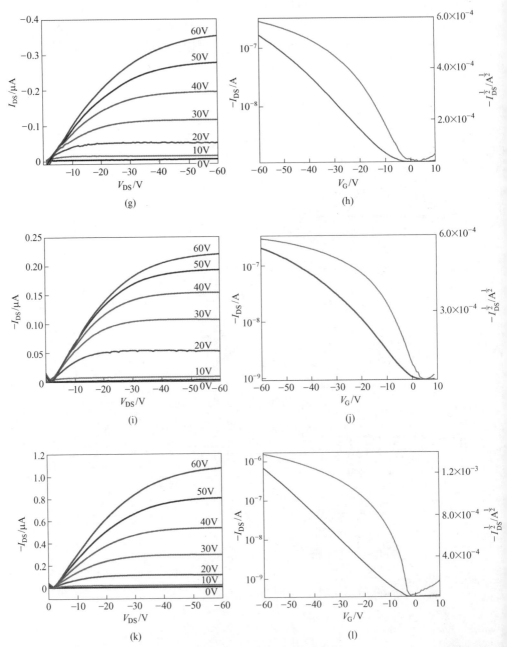

图 2-6 聚合物的输出曲线和转移特性曲线

(a)(b) PCTQ001；(c)(d) PCTQ002；(e)(f) PCTQ003；(g)(h) PFTQ001；
(i)(j) PFTQ002；(k)(l) PFTQ003

图 2-6 彩图

表 2-4 聚合物的传输性能

聚合物	空穴迁移率/cm² · (V · s)⁻¹	$I_{on/off}$
PCTQ001	1.0×10^{-4}	0.69×10^2
PCTQ002	4.2×10^{-4}	1.10×10^2
PCTQ003	1.4×10^{-4}	1.12×10^2
PFTQ001	4.1×10^{-4}	5.4×10^2
PFTQ002	8.6×10^{-4}	4.0×10^2
PFTQ003	2.6×10^{-4}	4.1×10^3

2.2.6 聚合物光伏性能的研究

体异质结结构是目前太阳能电池的主流结构,本书相关实验过程,制造 ITO/PEDOT:PSS/Polymer:PCBM/LiF/Al 的器件结构来测试聚合物的光伏性能。常用的受体是 $PC_{61}BM$ 和 $PC_{71}BM$,选用这两种受体进行对比实验,对 PCTQ001 和 PFTQ001 两种聚合物进行光伏性能的测试。通过优化聚合物和受体材料 PCBM 的共混浓度和质量比,发现这两种聚合物都在质量比为 1:3 的条件下显示出更好的性能。无论对 PCTQ001 还是 PFTQ001,发现用 $PC_{71}BM$ 作受体材料的器件测得的效率都明显优于 $PC_{61}BM$ 作为受体材料的器件,PCTQ001 从效率 1.5% 上升到 2.5%,PFTQ001 从效率 1.2% 上升到 2.5%,这是因为 $PC_{71}BM$ 在可见光区 440~530nm 有高的摩尔吸光系数,在这个区域内可以弥补聚合物吸收光谱的不足[242]。所以对于后四种聚合物,本书选用 $PC_{71}BM$ 来作共混的受体材料。器件测试结果总结于表 2-5,薄膜使用给受体共混的邻二氯苯溶液旋涂制备,薄膜的厚度在 100nm 左右,太阳能电池器件的 $J\text{-}V$ 特性曲线在 AM 1.5 G 入射光强为 $100mW/cm^2$ 时测得,如图 2-7 所示。

表 2-5 6 种聚合物的光伏性能参数

活 性 层	溶 剂	厚度/nm	V_{oc}/V	$J_{sc}/mA \cdot cm^{-2}$	FF	$PCE/\%$
$m(PCTQ001):m(PC_{61}BM)=1:3$	DCB	115	0.96	3.4	0.45	1.5
$m(PCTQ001):m(PC_{71}BM)=1:3$	DCB	110	0.95	6.0	0.43	2.5
$m(PCTQ001):m(PC_{71}BM)=1:3$	DCB（添加 2% 的 DIO）	110	0.85	6.5	0.53	2.9
$m(PFTQ001):m(PC_{61}BM)=1:3$	DCB	120	0.99	3.0	0.41	1.2
$m(PFTQ001):m(PC_{71}BM)=1:3$	DCB	105	0.98	6.0	0.42	2.5
$m(PFTQ001):m(PC_{71}BM)=1:3$	DCB（添加 2% 的 DIO）	110	0.88	2.6	0.43	1.0
$m(PCTQ002):m(PC_{71}BM)=1:3$	DCB	95	0.81	4.90	0.33	1.32

活　性　层	溶　　剂	厚度/nm	V_{oc}/V	J_{sc}/mA·cm^{-2}	FF	PCE/%
$m(\mathrm{PCTQ002}):m(\mathrm{PC_{71}BM})=1:3$	DCB(添加 0.5%的 DIO)	80	0.87	3.77	0.46	1.51
$m(\mathrm{PFTQ002}):m(\mathrm{PC_{71}BM})=1:3$	DCB	100	0.78	5.47	0.42	1.82
$m(\mathrm{PFTQ002}):m(\mathrm{PC_{71}BM})=1:3$	DCB(添加 0.5%的 DIO)	106	0.82	2.59	0.49	1.06
$m(\mathrm{PCTQ003}):m(\mathrm{PC_{71}BM})=1:3$	DCB	98	0.77	5.18	0.38	1.52
$m(\mathrm{PCTQ003}):m(\mathrm{PC_{71}BM})=1:3$	DCB(添加 0.5%的 DIO)	103	0.86	7.48	0.52	3.33
$m(\mathrm{PFTQ003}):m(\mathrm{PC_{71}BM})=1:3$	DCB	105	0.74	4.77	0.39	1.40
$m(\mathrm{PFTQ003}):m(\mathrm{PC_{71}BM})=1:3$	DCB(添加 0.5%的 DIO)	110	0.82	2.25	0.48	0.89

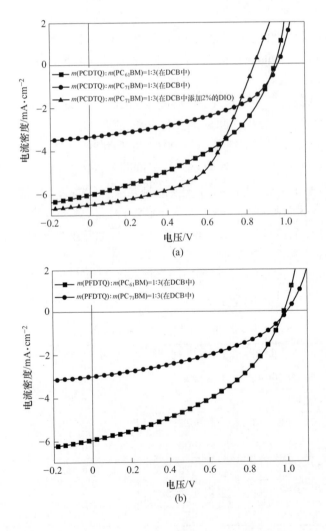

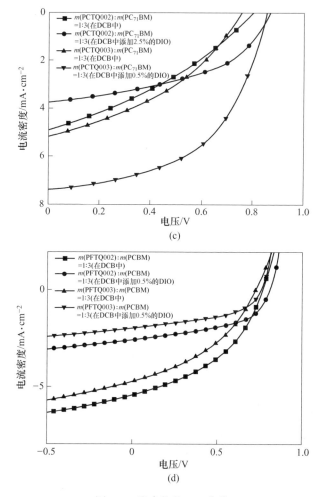

图 2-7 聚合物的 *J-V* 曲线

（a）m(PCTQ001)：m(PCBM) = 1：3；（b）m(PFTQ001)：m(PCBM) = 1：3；

（c）m(PCTQ002)：m(PCBM) = 1：3 和 m(PCTQ003)：m(PCBM) = 1：3；

（d）m(PFTQ002)：m(PCBM) = 1：3 和 m(PFTQ003)：m(PCBM) = 1：3

    通过器件测试发现，取代苯环上不带烷氧链的可以取得高的开路电压，据知开路电压 1V 是目前基于咔唑单元交替共轭聚合物所取得的最高值，高的开路电压与聚合物低的 HOMO 是分不开的。

    在器件制作过程中，添加剂可以改变薄膜的形貌，对光电转化效率有重要影响[47,243]，常用的添加剂是 1,8-二碘辛烷（DIO）。实验中基于每种聚合物的器件都考察了添加 DIO 前后的变化，从表 2-5 可以发现，影响最大的是 PCTQ003，在无添加剂时的光电转化效率为 1.52%，添加 0.5% 的 DIO 后，光电转化效率为 3.33%，效率提高了 2.2 倍，电流和 *FF* 均有大的提高。对 PCTQ001 和 PCTQ002

来说，加入添加剂前后，效率分别由 2.5%上升到 2.9%、1.32%上升到 1.51%，电流和 *FF* 有较大提高。值得注意的是，实验结果发现咔唑单元的聚合物 PCTQ001、PCTQ002、PCTQ003 在加入添加剂后光电转化效率都有所提高，而以芴为单元的聚合物 PFTQ001、PFTQ002、PFTQ003 器件在加入添加剂（DIO）后光电转化效率都有所降低。这归结于咔唑单元上的 N 原子只连接了 1 条烷基链，而芴单元 9 位上的碳原子为 SP^3 杂化方式，连接有 2 条伸展于芴单元平面外的烷基链，这使得含咔唑单元的聚合物的平面性要好于含芴单元的聚合物的平面性，分子间的 π-π 相互作用更强，这对器件性能的调节是有利的。从溶解度的实验也可以证明这一点。

通过单色光测试 PCTQ001 和 PFTQ001 在使用不同受体 PC$_{61}$BM 和 PC$_{71}$BM 共混时的外量子效率，以及其他 4 种聚合物在加入添加剂前后的外量子效率，如图 2-8 所示。

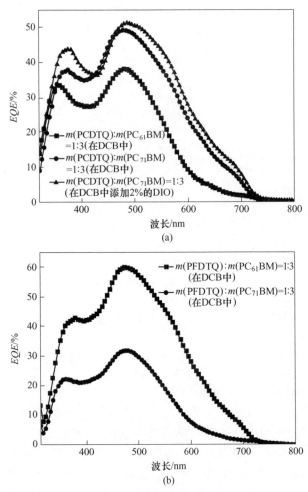

(a)

(b)

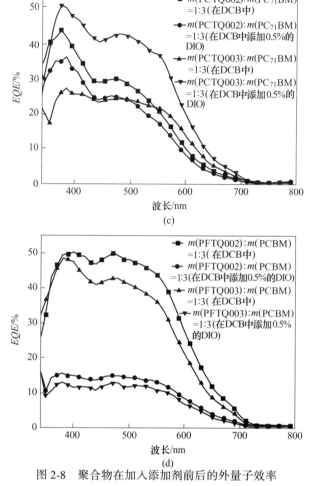

图 2-8 聚合物在加入添加剂前后的外量子效率

(a) $m(\text{PCTQ001}) : m(\text{PCBM}) = 1 : 3$；(b) $m(\text{PFTQ001}) : m(\text{PCBM}) = 1 : 3$；(c) $m(\text{PCTQ002}) : m(\text{PCBM}) = 1 : 3$ 和 $m(\text{PCTQ003}) : m(\text{PCBM}) = 1 : 3$；(d) $m(\text{PFTQ002}) : m(\text{PCBM}) = 1 : 3$ 和 $m(\text{PFTQ003}) : m(\text{PCBM}) = 1 : 3$

图 2-8（a）中圆点线和三角线是给体聚合物 PCTQ001 和受体 PC$_{71}$BM 以质量比 1∶3 共混，在添加 DIO 前后的光生电流图，从图中可以看出在 340~600nm 有很明显的光电响应，添加 DIO 会使响应增加，在 480nm 处 EQE 达到最大，其值为 51%；方块线代表的是使用受体 PC$_{61}$BM 时的光电响应图，对比发现响应的高度和宽度明显弱于使用 PC$_{71}$BM 时，原因是 PC$_{71}$BM 在此范围有强的吸收，弥补了聚合物对光吸收的不足。图 2-8（b）中圆点线和方块线分别是 PFTQ001 和 PC$_{61}$BM、PC$_{71}$BM 在质量比 1∶3 时所制器件的 EQE 图，与图 2-8（a）一致，使用受体 PC$_{71}$BM 时，在 340~550nm 有强而宽的吸收，在 475nm 处 EQE 达到 59.8%。观察图 2-8（c）的外量子效率曲线，可以发现 PCTQ002、PCTQ003 在添加 0.5% 的 DIO 时外量子效率都有所增加，而 PCTQ003 变化幅度最大，在

372nm 处外量子效率达到 50.8%，对应的光电流最大。观察图 2-8（d）中 *I-V* 曲线的外量子效率图，可以发现 PFTQ002、PFTQ003 在添加 0.5% 的 DIO 时外量子效率都减小，相应的光电流也减小，最终光电转化效率也有所降低。实验结果显示，通过外量子效率曲线积分计算得到的光电流与器件测试结果一致。

2.2.7　器件形貌的研究

器件的形貌对器件的性能有很大影响[244-245]，通过轻敲模式的原子力显微镜高度图，来研究聚合物和 PCBM 共混制备的器件形貌。对于上述 6 种聚合物，含有咔唑单元的 3 种聚合物在加入添加剂后的光电转化效率都有所提高，而含有芴单元的 3 种聚合物在加入添加剂 DIO 后的光电转化效率都有所降低，通过加入添加剂前后的形貌变化来分析原因，如图 2-9 所示。

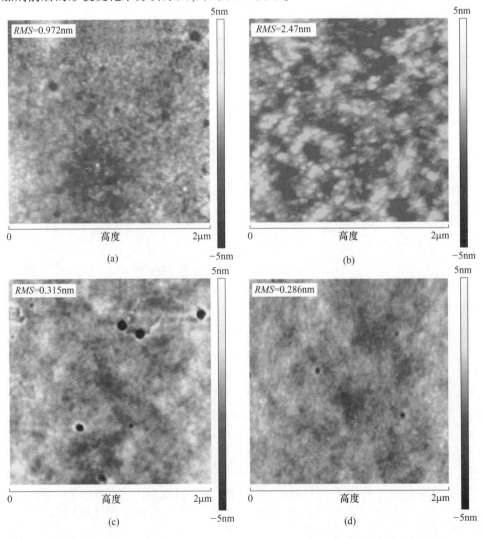

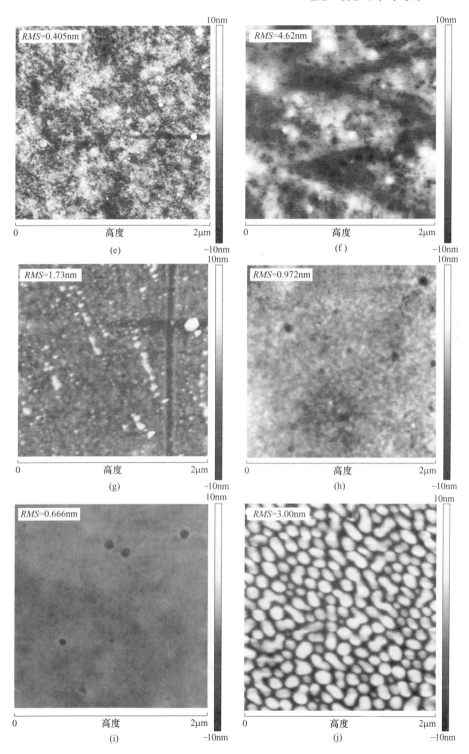

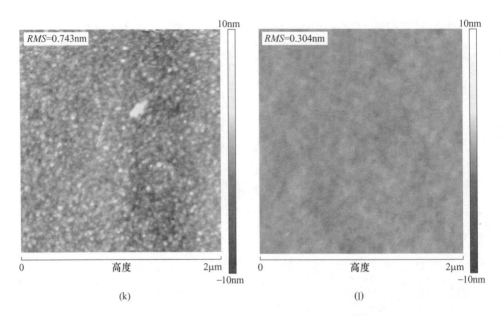

图 2-9　6 种聚合物加入添加剂前后的原子力显微镜高度图

(2μm×3μm，聚合物与 PC$_{71}$BM 的质量比为 1：3，没有添加和添加 DIO)

(a) (b) PCTQ001；(c) (d) PFTQ001；(e) (f) PCTQ002；

(g) (h) PFTQ002；(i) (j) PCTQ003；(k) (l) PFTQ003

从图 2-9 可以看出，用邻二氯苯旋涂的 6 种聚合物和 PCBM 共混膜显示了非常光滑的表面，没有观察到大的相分离，其表面以粗糙度（RMS）来评价[246]。图 2-9 (a) (c) (e) (g) (i) (k) 显示它们的均方根粗糙度 RMS 分别为 0.972、0.315、0.405、1.730、0.666、0.743。当使用添加剂 DIO 时，含咔唑单元类的喹喔啉聚合物与 PCBM 共混薄膜显示了较明显的相分离，从图 2-9 (b) (f) (j) 中可以看出粗糙度都有所增加，分别为 2.47、4.62、3.00，发生一定程度的相分离可以增加激子和载流子的传输能力，有利于光电流的增加，进而提高光电转化效率。而对于 PCTQ002 来说，其粗糙度为 4.62，相分离较大，这使得给受体的界面减小，激子分离效率降低，导致光电流有所减小。从图 2-9 (d) (h) (l) 中可以看出含芴单元类的喹喔啉粗糙度都有所减小，分别为 0.286、0.972、0.304，使用 0.5% 的添加剂 DIO 时，表面变得更光滑，这说明给受体的相分离尺度变小，这将降低载流子的传输率，使载流子复合的机会增加，从而使光电流减少，光电转化效率降低。高性能的太阳能电池要求理想的相分离尺度（10~20nm）[247-250]，通过器件的形貌优化使得激子的分离和传输找到合适的平衡点，进而得到较高的光电转化效率。

2.3 本章小结

  成功设计合成了含有 2,3-二苯并喹喔啉的 6 种聚合物,在 6 位、7 位和取代苯环上的对位或间位同时引入了辛氧基。这些聚合物有非常好的溶解性,在器件制备过程中无需加热,节约能源,操作方便。详细考察了其光谱、电化学、电荷传输和光伏性能。电化学测试显示这些聚合物有较低的 HOMO 能级,可取得较高的开路电压,含咔唑单元的 PCTQ001 的开路电压达到 0.99V;这些聚合物的空穴迁移率都大于 $10^{-4}\text{cm}^2/(\text{V}\cdot\text{s})$,作为太阳能电池的给体材料,显示了良好的性能。

3　以三聚咔唑为核的 D-A 型星型小分子的设计合成及其光电性能研究

　　基于小分子的体异质结结构太阳能电池，已经取得 7% 的光电转化效率[251-252]。小分子材料因其有别于聚合物材料的独特优点，如易纯化、有明确的分子结构、没有批次差异等[253-255]，从而越来越受到科研工作者的重视。许多新型结构的小分子，例如基于三苯胺[256-257]、低聚噻吩[258-260]、二吡咯双酮[261-263]、苯并噻二唑[264-266]、二噻吩硅芴[251,267-268] 等的小分子近来被报道，表明其具有广阔的应用前景。

　　三聚咔唑类似于三个咔唑并在一起，是一个平面性非常好的具有芳香性的分子，既具有咔唑分子好的空穴传输性能和优异的化学稳定性，又有强于咔唑的给电子能力，咔唑在太阳能电池方面的应用很突出。目前，用三聚咔唑作为结构单元的小分子常被用在双光子吸收[269-270]、有机发光二极管（OLED）[271-273] 和盘状液晶材料[274-276] 等领域；但在太阳能电池方面的应用还非常少[277]。本书利用三聚咔唑强的平面性和给电子能力，设计合成了以三聚咔唑为给电子核的星型分子，来考察其光伏性能。

　　结合窄带隙聚合物利用给受体单元交替共聚的方法，可以调节材料的带隙，拓宽吸收，同时还可以调节能级，目前已经取得了不错的成绩[72,77,230]。鉴于此，设计外围连有吸电子基团的星型分子，合成了连有苯并噻二唑结合三苯胺结构单元的小分子 SM-1 和醛基作为吸电子单元的小分子 SM-2 来考察其性能，结构如图 3-1 所示。三苯胺的引入由于饱和 N 原子的存在可以增加分子的溶解性，同时三苯胺有很好的空穴传输能力。SM-1 的吸收光谱表明苯并噻二唑和三苯胺结构的引入，有利于分子内部发生电荷转移，吸收带变宽，吸收范围覆盖了 300～650nm，薄膜的起始峰位在 680nm，光学带隙 1.82eV，SM-1 是窄带隙的小分子。醛基的引入是利用其吸电子能力，外围引入三个醛基，可以在分子内部形成推拉结构，也可以减小带隙，拓宽吸收。遗憾的是实验结果发现小分子 SM-2 最大吸收峰在 486nm，起始峰位 598nm，导致 SM-2 的带隙较 SM-1 的宽，为 2.07eV。对两个小分子的光伏性能和场效应进行考察，发现其光电转化效率分别为 2.07% 和 2.29%[278]，据知是目前三聚咔唑类太阳能电池取得的最好结果；通过场效应器件测试 SM-1、SM-2 的迁移率分别为 $4.0 \times 10^{-4} \, cm^2/(V \cdot s)$、$3.9 \times 10^{-4} \, cm^2/(V \cdot s)$，表明这类分子有较高的空穴传输能力，具备作为太阳能电池的条件，有望为太阳能小分子材料的设计合成提供一种新的思路。

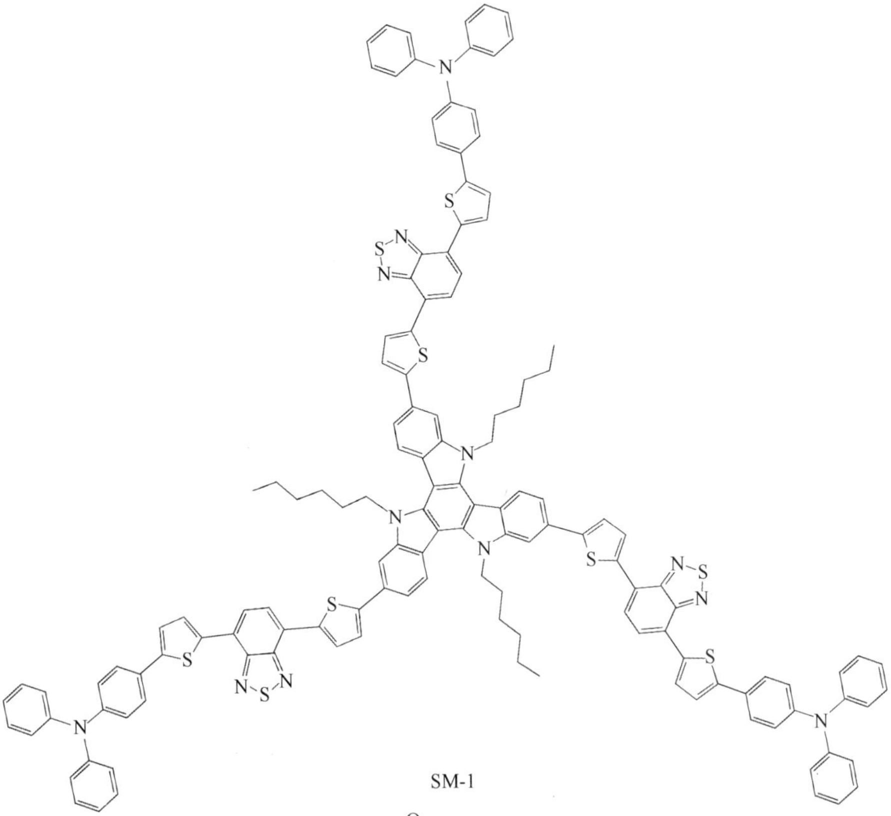

SM-1

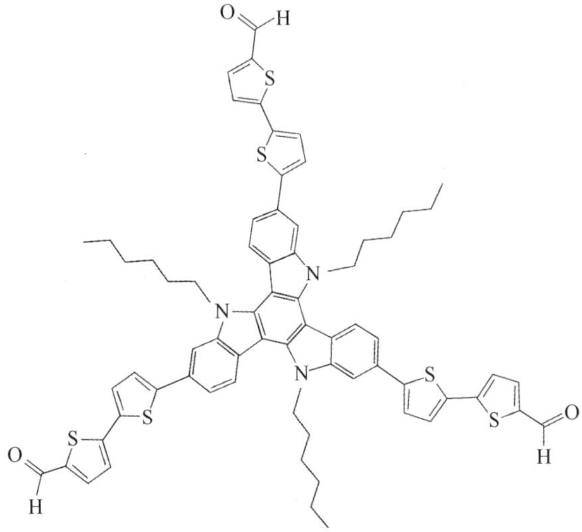

SM-2

图3-1　小分子SM-1和SM-2的结构

3.1　实　验　部　分

3.1.1　试剂与仪器

实验中若没有特殊说明，所使用的试剂都从国内购买，未经纯化直接使用。催化剂 Pd(PPh$_3$)$_4$ 按照文献方法合成[236]，溶剂四氢呋喃、甲苯在氮气气氛下加入金属钠回流干燥，用二苯甲酮作指示剂，溶液显蓝紫色说明除水干净。二氯甲烷和正己烷在氮气气氛下加入氢化钙中回流干燥。三氯甲烷蒸馏后使用。化合物 1（6-溴靛红）是一种便宜的染料，直接购买；化合物 2、3、4、5、6 和 7 的合成，每一步反应都在氮气保护下进行，反应结束后使用 TLC 硅胶板 F$_{254}$ 点板监测，柱层析分离。产物使用的硅胶目数为 200~300，水含量小于 0.1%。

化合物表征的核磁氢谱、碳谱用氘代氯仿或者邻二氯苯作为溶剂，采用仪器 Bruker AV400 或 AV600，MALDI-TOF 由 Bruker Daltonics Reflex Ⅲ 给出。荧光光谱由 FluoMax-4 荧光仪给出。紫外-可见吸收光谱数据用 Perkin Elmer UV-Vis Spectrometer model Lambda 750 测试，热失重分析（TGA）结果由 TA2100 在氮气保护下加热速度 10℃/min 测得，差示扫描量热分析（DSC）由 Perkin-Elmer Diamond DSC 仪器在氮气保护下加热速度 20℃/min 测得；元素分析结果由 Flash EA 1112 分析仪给出。高分辨质谱由 Bruker Apex Ⅳ FTMS 给出。形貌图用原子力显微镜（AFM）以轻敲模式由 Nanoscope Ⅲ A 给出，薄膜厚度使用 Dektak 6M 表面轮廓仪测得。电化学行为由 CHI630a 型电化学工作站测定，用标准三电极法，在室温氮气气氛保护下，以浓度为 0.1mol/L 的四丁基六氟磷铵溶液为电解液，玻碳电极为工作电极，铂丝电极为对电极，Ag/AgNO$_3$（0.01mol/L，在 CH$_3$CN 中）为参比电极，实验使用二茂铁（ferrocene/ferrocenium（Fc））氧化还原体系标定，并假定 Fc 的真空能级为-4.8eV[239]。

3.1.2　小分子太阳能电池器件制作和性质表征

本书相关实验中有机太阳能电池的结构是 ITO/PEDOT：PSS/SM-1（或 SM-2）：PCBM/LiF/Al。锡铟金属氧化物（ITO）玻璃使用前一定要保证玻璃片的干净。洗涤过程：用无泡沫洗涤剂洗涤，然后用二次水超声 10min，接着用氨水、过氧化氢、二次水体积比为 6∶6∶30 的溶液在 100℃加热约 15min，再用二次水冲洗十几次。之后，用旋膜机旋掉玻璃表面的水，转速 3000r/min，需要时间 1min，再旋涂 PEDOT：PSS（PEDOT：PSS 的型号是 Baytron AI 4083），使用前用 0.45mm 的 PVDF 过滤；转速为 3000r/min，时间 1min，测得的厚度大约为 40nm。之后再将玻璃片置于 120℃的热台上干燥 15min。小分子和受体 PC$_{71}$BM 按比例溶解在邻二氯苯中，70℃下搅拌过夜，然后旋涂在 PEDOT∶PSS 上，可以通过浓度和转速调节膜的厚度。将旋好的器件转移到手套箱中抽真空到 10^{-4}Pa，蒸镀 LiF 大约 0.5nm 和 100nm 的 Al。每个 ITO 玻璃片上有 5 个器件，每个器件的面积为 0.04cm^2。在室温下，使用 Keithley 2400 仪器测试电流-电压特性曲线，测试的光强为 100mW/cm^2 的 AM 1.5G AAA 级光源（model XES-301S，SAN-EI），光源使用前需要用标准单晶硅太阳能电池校准。

3.1.3 小分子场效应器件的制作和测试

场效应器件采用顶接触电极的方法制造，基底为 Si/SiO$_2$，底部采用 N 掺杂的 Si 为栅极，SiO$_2$ 厚度为 500nm，电容为 7.5nF/cm^2，作为栅极的绝缘层。Si/SiO$_2$ 的基底先用二次水超声 10min 清洗，然后使用浓硫酸和 H$_2$O$_2$（体积比为 2∶1）的混合溶液加热处理，随后再用二次水、异丙醇、丙酮分别超声清洗 10min 以上。最后使用十八烷基三氯硅烷（OTS）进行修饰，使其化学吸附上十八烷基硅的单分子层[240]。将小分子质量浓度为 10mg/mL 的氯仿溶液或者总质量浓度为 15mg/mL 的小分子与 PC$_{71}$BM 质量比为 1∶3 的共混氯仿溶液旋涂在已修饰 OTS 的基底上成膜。将制备好的器件转移到手套箱中抽真空到 10^{-4}Pa，蒸镀金大约 40nm。形成的沟道宽长比为 50∶1（沟道宽度为 2.5mm，长度为 50μm）。通过微探针 6150 检测台的 Agilent B2902A 测量仪和对应的软件测试器件的输出曲线和转移特性曲线，通过转移特性曲线可以计算出相应的迁移率和开关比。

3.1.4 材料的合成及结构表征

小分子的合成路线如图 3-2 所示。

3.1.4.1 化合物 N-己基-6-溴-2,3-二吲哚酮（2）的合成

将 6-溴靛红（22.63g，100mmol）与 K$_2$CO$_3$（41.4g，300mmol）混合，搅拌，充脱氮气 3 次，加入 100mL 的 DMF，继续脱气，后滴入 C$_6$H$_{13}$I（17.75mL，120mmol），70℃下反应 8h，加水终止反应，用二氯甲烷（3×100mL）萃取 3 次，合并下层有机相，用无水硫酸镁干燥，旋转蒸发除去二氯甲烷。减压抽掉 DMF，用乙酸乙酯与正己烷体积比为 1∶5 的溶剂过柱分离，得到橘色固体 21.2g，产率 71.6%。^{1}H NMR（400MHz，CDCl$_3$）δ（×10^{-6}）：7.39—7.37（d，J = 7.96Hz，1H），7.21—7.18（d，J = 8.8Hz，1H），6.99（s，1H），3.64—3.60（t，J = 7.32Hz，2H），1.65—1.57（m，2H），1.32—1.23（m，6H），0.83—0.80（t，J = 6.8Hz，6H）。^{13}C NMR（100MHz，CDCl$_3$）δ（×10^{-6}）：182.3，157.9，151.8，133.5，126.7，126.3，116.3，113.7，40.4，31.3，27.1，26.5，22.4，13.9。

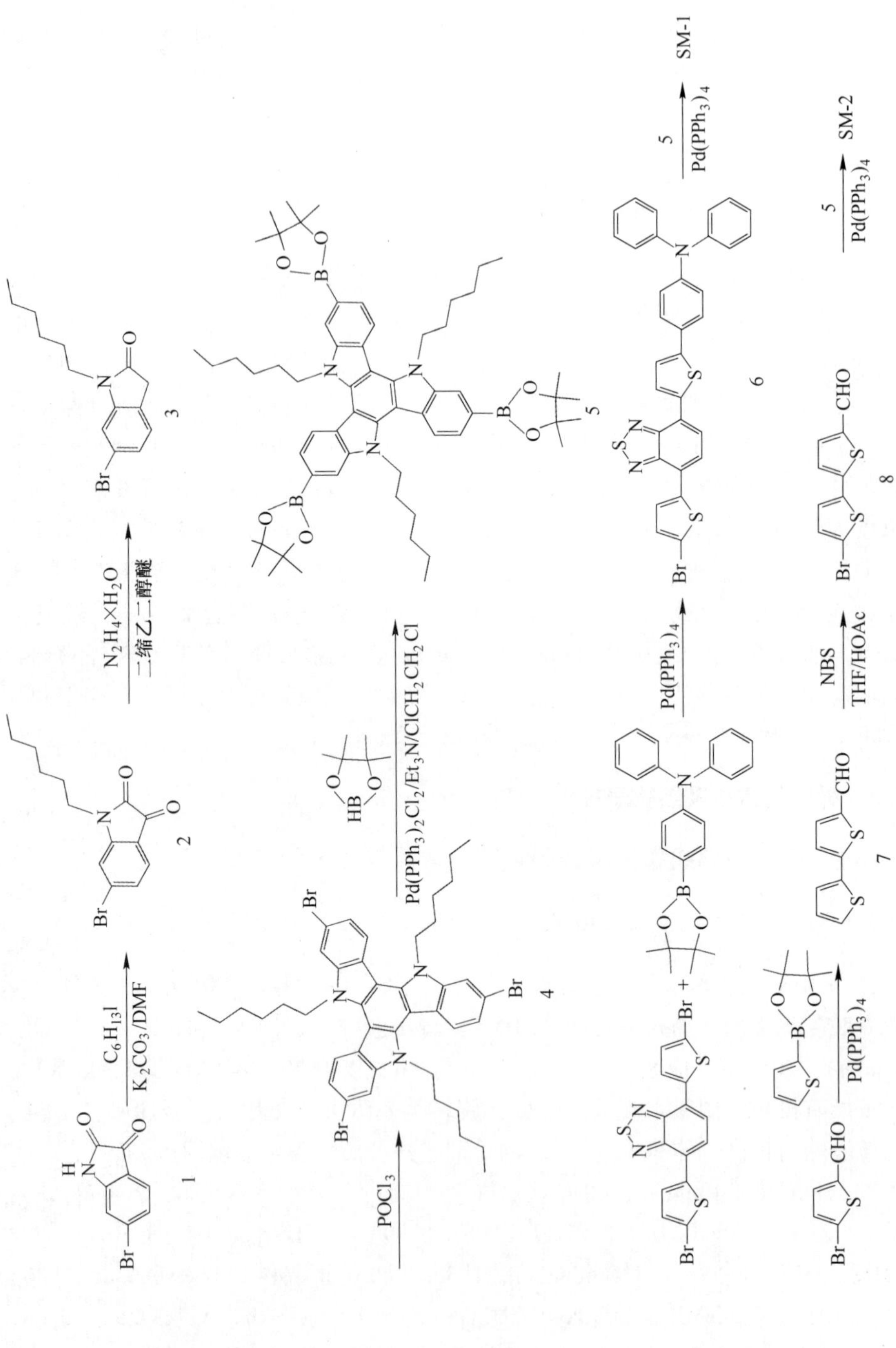

图3-2 小分子SM-1和SM-2的合成路线

3.1.4.2 化合物 N-己基-6-溴-2-吲哚酮（3）的合成

将化合物 2（10.1g，32.5mmol）与 20mL 的二缩乙二醇醚混合搅拌，脱气后，慢慢打入 100mL 的水合肼，继续脱气几次，回流状态下反应 12h，冷却，有固体析出，抽滤得浅黄色固体，干燥后称量 8.8g，产率 91.4%。^{1}H NMR（400MHz，CDCl$_3$）δ（$\times 10^{-6}$）：7.17—7.15（d，1H），7.11—7.09（d，1H），6.96（s，1H），3.68—3.64（t，2H），3.46（s，2H），1.68—1.61（m，2H），1.36—1.30（m，6H），0.91—0.87（t，6H）。^{13}C NMR（100MHz，CDCl$_3$）δ（$\times 10^{-6}$）：174.7，146.2，125.6，124.8，123.4，121.3，111.7，40.2，35.4，31.4，27.3，26.6，22.6，14.0。

3.1.4.3 化合物 2,7,12-三溴-5,10,15-三己基三聚咔唑（4）的合成

将化合物 3（8.8g，29mmol）加入 100mL 三氯氧磷后，脱气 20 次，100℃反应 12h 后，降温停止反应，减压抽出大量的三氯氧磷，后加水搅拌溶解黑色的固体，用 NaOH 饱和溶液中和到 pH=7~8，用二氯甲烷（3×100mL）萃取 3 次，合并有机相，用无水硫酸镁干燥，旋掉二氯甲烷，用二氯甲烷与石油醚烷体积比为 1∶10 的溶剂作洗脱剂，过柱分离，得到白色粉末 2.83g，产率 34%。^{1}H NMR（400MHz，CDCl$_3$）δ（$\times 10^{-6}$）：7.84—7.82（d，J=8.64Hz，3H），7.55（s，3H），7.31—7.29（d，3H），4.53—4.49（t，6H），1.75（6H），1.12（18H），0.74—0.70（t，9H）。^{13}C NMR（100MHz，CDCl$_3$）δ（$\times 10^{-6}$）：141.8，138.5，122.7，122.4，121.8，116.5，113.4，102.9，46.9，31.5，29.6，26.3，22.4，13.8。分析 C$_{42}$H$_{48}$Br$_3$N$_3$ 的计算值为：C 60.44，H 5.80，N 5.03；实测值为：C 60.31，H 5.86，N 5.01。

3.1.4.4 化合物 5,10,15-三己基三聚咔唑-2,7,12-三硼酸酯（5）的合成

将三溴代三聚咔唑（1.0g，1.2mmol）与频哪醇硼烷（1.82g，14.4mmol）溶于 50mL 的 1,2-二氯乙烷中，在冰浴下脱气 3 次，后打入三乙胺（2.42g，23.96mmol），再脱气 3 次，迅速加入 Pd（PPh$_3$）$_2$Cl$_2$（84mg，0.12mmol），再脱气几次，于 70℃下反应 2d，加水终止反应除去多余的频哪醇硼烷和三乙胺，收集下层有机液，减压旋掉多余的溶剂，直接用柱层析分离，用乙酸乙酯与石油醚体积比为 1∶5 的溶剂作洗脱剂，得到硼酸酯产物，即白色粉末状固体 450mg，产率 38.5%。^{1}H NMR（400MHz，CDCl$_3$）δ（$\times 10^{-6}$）：8.20—8.18（d，J=8.0Hz，3H），8.00（s，3H），7.72—7.70（d，J=8.0Hz，3H），7.34—7.32（6H），4.90—4.87（t，J=6.8Hz，6H），1.91—1.84（6H），1.35（36H），1.19—1.13（m，18H），0.73—0.69（t，9H）。^{13}C NMR（100MHz，CDCl$_3$）δ（$\times 10^{-6}$）：140.4，

139.9，126.1，125.9，120.7，116.9，103.2，83.7，46.9，31.36，29.8，26.2，24.9，22.4，13.9。分析 $C_{60}H_{84}B_3N_3O_6$ 的计算值为：C 73.85，H 8.68，N 4.31；实测值为：C 73.84，H 8.62，N 4.42。

3.1.4.5 化合物 4-(5-(4-(5-溴噻吩) 苯并噻二唑) 噻吩基)-N,N-二苯基苯胺（6）的合成

将 4,7-二（5-溴噻吩基）苯并噻二唑（1.0g，2.18mmol）与三苯胺硼酸酯（810mg，2.18mmol）、碳酸钾（6.0g，43.6mmol）、溴化叔丁基铵（140mg，0.436mmol）混合溶于 200mL 的甲苯和 50mL 水中，反复脱气，后迅速加入 $Pd(PPh_3)_4$（126mg，0.109mmol），再脱气，在油浴 120℃下，反应 3d。停止反应，用二氯甲烷（3×100mL）萃取，收集有机相，无水硫酸镁干燥过滤，减压旋掉溶剂，用甲苯与石油醚体积比为 1：2 的溶剂作洗脱剂，柱层析分离，得到红色固体 350mg，产率 25.8%。^1H NMR（400MHz，$CDCl_3$）$\delta(\times10^{-6})$：8.03—8.02（d，1H），7.74—7.69（m，3H），7.50—7.47（d，2H），7.24—7.20（5H），7.08—7.07（m，5H），7.03—6.97（4H）。^{13}C NMR（100MHz，$CDCl_3$）$\delta(\times10^{-6})$：152.4，152.3，147.7，147.4，145.7，140.8，130.6，129.4，128.9，127.9，126.9，126.6，125.2，124.7，123.4，123.3，114.4。MS（Madi-TOF）：计算值为 622.6，实测值为（M^+）622.4。

3.1.4.6 化合物 5-噻吩基-2-噻吩醛（7）的合成

将噻吩硼酸酯（5.5g，26.17mmol）与 5-溴-2-噻吩甲醛（5.0g，26.17mmol）、碳酸钾（36.1g，0.26mol）、溴化叔丁基铵（843mg，2.62mmol）混合溶于 200mL 的甲苯和 50mL 水中反复脱气，后迅速加入 Pd（PPh_3）$_4$（300mg，0.26mmol），再反复脱气，加热搅拌，在油浴 120℃下反应 3d。停止反应，用二氯甲烷（3×100mL）分 3 次萃取，收集下层有机相，无水硫酸镁干燥过滤，旋掉溶剂，二氯甲烷作洗脱剂，柱层析分离，得到黄色固体 3.5g，产率 69.0%。^1H NMR（400MHz，$CDCl_3$）$\delta(\times10^{-6})$：9.89（s，1H），7.99（d，1H），7.98—7.69（d，1H），7.59—7.58（d，1H），7.52—7.51（d，1H），7.18—7.16（t，1H）。^{13}C NMR（100MHz，$CDCl_3$）$\delta(\times10^{-6})$：183.7，145.6，141.2，139.0，135.2，128.8，128.3，126.9，125.0。

3.1.4.7 化合物 5-(5-溴噻吩) 噻吩基-2-醛（8）的合成

将化合物 7（1.7g，8.75mmol）溶于 100mL 的 THF 中，后慢慢滴加 NBS（1.53g，9.62mmol）至 THF 溶液，全部滴加以后再加 10mL 的 HAc，于 60℃下反应 12h 后，加水淬灭，旋掉大部分的 THF，后用二氯甲烷萃取，收集有机相，

旋掉二氯甲烷得到黄绿色固体，用正己烷与二氯甲烷体积比为 10：1 的混合溶剂重结晶，得黄绿色固体 2.2g，产率 96.5%。^{1}H NMR（400MHz，CDCl$_3$）δ（$\times 10^{-6}$）：9.86（s，1H），7.66—7.65（d，1H），7.18—7.17（d，1H），7.11—7.10（d，1H），7.04—7.03（d，1H）。^{13}C NMR（100MHz，CDCl$_3$）δ（$\times 10^{-6}$）：182.4，145.8，142.1，137.5，137.1，131.2，126.2，124.4，114.2。

3.1.4.8 化合物 SM-1 的合成

将化合物 5（70mg，0.071mmol）与化合物 6（200mg，0.32mmol）、碳酸钾（197mg，1.43mmol）、溴化叔丁基铵（4.6mg，0.014mmol）混合溶于 20mL 的甲苯和 3mL 水中反复脱气，后迅速加入 Pd（PPh$_3$）$_4$（12.43mg，0.0107mmol），再反复脱气，加热搅拌，在油浴 120℃下回流 3d。用三氯甲烷（3×50mL）萃取，收集有机相，无水硫酸镁干燥过滤，旋蒸掉溶剂；氯仿与石油醚体积比为 5：1 的溶剂作洗脱剂，柱层析分离，得紫黑色固体 120mg，产率 75.28%。^{1}H NMR（500MHz，CDCl$_3$）δ（$\times 10^{-6}$）：8.50（d，3H），8.35（d，3H），8.25（d，3H），8.16（s，3H），7.97（d，3H），7.91（d，3H），7.86（d，3H），80 7.73（d，3H），7.66（d，6H），7.40（d，3H），7.36（t，12H），7.25（d，12H），7.19（d，6H），7.13（t，6H），5.12（t，6H），2.21（p，6H），1.53（p，6H），1.40（p，6H），1.34（p，2H），0.96（t，9H）。^{13}C NMR（125MHz，CDCl$_3$）δ（$\times 10^{-6}$）：152.7，147.8，147.6，146.9，145.6，141.9，139.7，138.2，134.9，134.3，133.0，132.8，132.6，131.6，131.1，130.8，130.5，130.4，130.3，129.4，129.3，129.2，129.1，128.5，128.4，128.3，128.2，128.0，127.7，127.4，126.7，126.4，126.2，125.8，124.9，123.7，123.5，123.3，122.2，118.5，107.6，104.1，47.2，31.6，30.0，26.5，22.59，13.90。分析 C$_{138}$H$_{108}$N$_{12}$S$_9$ 的计算值为：C 74.56，H 4.90，N 7.56；实测值为：C 73.93，H 4.85，N 7.49。MS（Madi-TOF）：计算值为 2220.6，实测值为（M$^+$）2220.4。HRMS：m/z 计算值为（M^{2+}）1110.3147，实测值为 1110.3117。

3.1.4.9 化合物 SM-2 的合成

将化合物 5（100mg，0.102mmol）与化合物 8（126mg，0.461mmol）、碳酸钾（281mg，2.04mmol）、溴化叔丁基铵（6.56mg，0.0204mmol）混合，溶于 30mL 的甲苯和 3mL 水中反复脱气，后迅速加入 Pd（PPh$_3$）$_4$（12mg，0.0102mmol），再反复脱气，加热搅拌，在油浴 120℃下反应 3d。用二氯甲烷（3×50mL）萃取，收集有机相，无水硫酸镁干燥过滤，旋蒸掉溶剂；氯仿与石油醚体积比为 5：1 的溶剂作洗脱剂，柱层析分离，得到红色固体 84mg，产率 70%。^{1}H NMR（400MHz，CDCl$_3$）δ（$\times 10^{-6}$）：9.83（s，1H），7.76—7.74（d，1H），

7.62—7.61（d，1H），7.34（s，1H），7.31—7.29（d，1H），7.26—7.23（d，2H），7.18—7.17（d 1H），4.29（m，2H），1.78（m，2H），1.25（m，6H），0.85（t，3H）。^{13}C NMR（100MHz，CDCl$_3$）δ（×10^{-6}）：182.3，147.3，147.1，141.2，140.7，138.9，137.5，134.3，127.9，127.2，123.6，123.4，122.6，121.4，117.6，106.7，102.8，46.4，31.3，29.7，26.2，22.5，14.0。MS（Madi-TOF）：计算值为1173.3，实测值为（M$^+$）1173.4。分析 C$_{69}$H$_{63}$N$_3$O$_3$S$_6$ 的计算值为：C 70.55，H 5.41，N 3.58；实测值为：C 70.85，H 5.66，N 3.50。

3.2　实验结果与讨论

3.2.1　小分子的合成

　　合成小分子 SM-1 和 SM-2 的路线见图 3-2，首先合成三溴取代的三聚咔唑[269]，利用廉价的染料 6-溴靛红作原料，在氮原子上引入烷氧链，需要在强碱 K$_2$CO$_3$ 作用下生成氮负离子，与碘己烷发生亲核反应，这是典型的双分子亲核 SN2（nucleophilicsubstitution）反应，需要在 70~80℃反应 7~8h，产率达到 70%以上。对引入烷氧基的双酮在水合肼的条件下进行黄鸣龙还原，得到 6-溴-2-吲哚酮。6-溴-2-吲哚酮在三氯氧磷下进行关环反应得到三溴三聚咔唑，产率 32%，是目前用此方法合成三聚咔唑的最高产率。最关键的中间体三聚咔唑硼酸酯按文献方法[279]，需要在 Pd 作催化剂条件下，与频哪醇硼烷在三苯胺作碱及 1,2-二氯乙烷作溶剂的条件下得到，由于三个溴的位置都要被硼酸酯取代，总不能全部取代，通过条件优化最终产率达到 40%左右。化合物 6 和化合物 7 通过典型的 Suzuki-Miyaura 偶联反应，用 Pd（PPh$_3$）$_4$ 作催化剂得到。化合物 8 是用 N-溴代丁二酰亚胺（NBS）在 THF 作溶剂，加入少量的醋酸以加快反应，进行溴代得到的，产率达到 97%。最终的目标产物 SM-1 和 SM-2 都是通过典型的 Suzuki-Miyaura 偶联反应，用 Pd（PPh$_3$）$_4$ 作催化剂、甲苯和水作溶剂，加入少量的相转移剂溴化叔丁基铵，在碳酸钾作碱的条件下反应 3d 得到的，产率分别为 75%和 70%。

　　小分子 SM-1 能少量溶于氯仿，在氯苯和邻二氯苯中有一定的溶解度，可能是分子内烷基链短造成的，在氯仿溶液中 SM-1 的吸收较宽，呈紫色溶液；小分子 SM-2 能溶于各种溶剂如 THF、氯仿、氯苯、邻二氯苯等，有这样好的溶解性可能是因为噻吩醛基侧链的存在没有对烷基链造成位阻作用，使得烷基链充分发挥了作用，在氯仿溶液中 SM-2 显橙红色。

3.2.2　小分子光谱性能的研究

　　小分子 SM-1 和 SM-2 在氯仿溶液和通过旋涂氯仿溶液制得的薄膜中的紫外吸

收光谱见图 3-3，曲线进行了归一化。图 3-3（a）中 SM-1 氯仿溶液在 330~700nm 之间显示了两个强的吸收峰，在 380nm 归属于分子共轭骨架的 π-π* 电子跃迁；长波长处在 542nm 的吸收峰归因于分子内部给受体之间强的分子内电荷转移（ICT）相互作用。摩尔吸光系数在 380nm 和 542nm 处分别为 1.45×10^5、1.07×10^5。而在薄膜中，吸收波长发生了相应的红移，在短波长和长波长处分别红移了 13nm 和 30nm（见表 3-1），这是由于在薄膜中有弱的星型分子的聚集。SM-1 在薄膜中的起始峰位为 680nm，可以计算出光学带隙为 1.82eV。在图 3-3（b）中，显示了 SM-2 在氯仿溶液中的吸收，相对 SM-1 来说吸收波长较短，在短波长和长波长的峰位分别为 346nm 和 447nm；图中可以明显看出，无论在氯仿溶液中还是在薄膜中的吸收，它的长波吸收峰都强于短波吸收峰。在薄膜中的吸收比在溶液中的更宽，发生了比 SM-1 更长的红移，分别红移了 25nm 和 39nm，表明 SM-2 在薄膜中比 SM-1 有更明显的聚集，也反映出它具有更稳固的共轭结构，且平面性比 SM-1 要更好。在溶液中的摩尔吸光系数在 346nm 和 447nm 处分

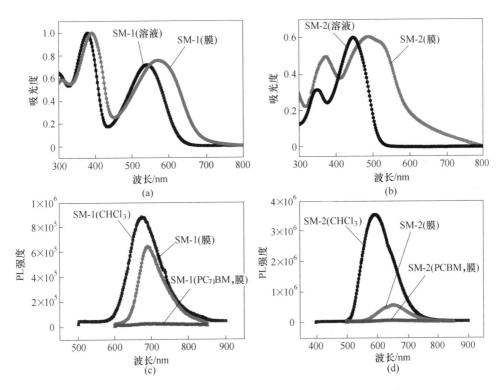

图 3-3　小分子 SM-1 和 SM-2 在氯仿溶液和膜中的紫外-可见吸收光谱（a）（b）
及小分子 SM-1 和 SM-2 在氯仿溶液、膜中和共混膜中的荧光光谱（c）（d）

别为 $8.96×10^4$ 和 $1.22×10^5$，显示了它在此处的电子跃迁概率更高，比短波吸收更强的长波吸收在谱图中也是显而易见的，充分说明了其分子内部有更强的电荷转移（ICT）。SM-2 在薄膜中的起始峰位为 598nm，可以计算出光学带隙为 2.07eV。

表 3-1   SM-1 和 SM-2 的光学性能参数

样品	λ_{max}（溶液）/nm	λ_{max}（膜）/nm	起始 λ/nm	系数 λ_{max}（溶液）/nm	λ_{Em}（溶液）/nm	λ_{Em}（膜）/nm
SM-1	380, 542	393, 572	680	$1.07×10^5$	675	691
SM-2	346, 447	371, 486	598	$1.22×10^5$	593	650

在图 3-3（c）中，考察了 SM-1 在溶液和薄膜中最大吸收波长作为激发波长的荧光光谱，发现在膜中发射峰从 675nm 红移到 691nm，SM-1 和 $PC_{71}BM$ 共混的薄膜中荧光几乎全被淬灭，说明激子在两相中发生了有效的电荷分离[280]。同样在图 3-3（d）中，SM-2 在薄膜中发射峰与在溶液中相比发生了 57nm 的红移，说明在固态比在溶液中更容易发生激子分离，共混膜中荧光也同样被淬灭，说明激子在混合薄膜中发生了有效的电荷分离，这对于太阳能电池来说是有利的现象。

3.2.3   小分子的电化学性质和热学性质研究

利用循环伏安法（CV）测定小分子的电化学性质，以 4.8eV 为二茂铁氧化还原体系的真空能级，采用标准的三电极，铂丝电极为对电极，$Ag/AgNO_3$（0.01mol/L，在 CH_3CN 中）为参比电极，小分子溶于氯仿溶液，滴到工作 Pt 电极上慢慢挥发成膜，使用四丁基六氟磷铵（$TBAPF_6$）的乙腈电解液（0.10mol/L）为支持电解质，扫描速率为 100mV/s，在通氮气 15min 后开始测试。如图 3-4 所示的循环伏安曲线，SM-1 和 SM-2 通过各自的第一氧化峰位的起始峰位分别为 0.41V 和 0.36V，同时实验结果显示二茂铁的氧化还原峰位在 0.09V，利用公式 $E_{HOMO} = -e(E_{ox} + 4.71)$[241]，计算出 SM-1 和 SM-2 的 HOMO 分别为 -5.12eV 和 -5.07eV，结合光学带隙，LUMO 分别为 -3.30eV 和 -3.00eV，与 PCBM 的 LUMO 能级差远大于 0.3eV，保证有足够的驱动力使激子分散到界面并发生分离生成自由载流子。电化学数据显示，SM-1 和 SM-2 有适合的能级作为太阳能电池的给体材料。

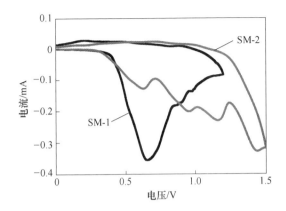

图 3-4 彩图

图 3-4 SM-1 和 SM-2 在薄膜中的循环伏安曲线

（扫描速率为 100mV/s）

化合物的热稳定性对材料来说也是至关重要。通过热重分析（TGA）在氮气气氛下测定两种小分子的热分解温度，如图 3-5 所示，显示 SM-1 和 SM-2 的热分解温度分别为 425℃ 和 392℃，表明这两种小分子具有良好的热稳定性。同时，通过示差扫描量热分析（DSC）方法在 50～300℃ 进行测试，结果没有明显的峰出现，表明两种小分子在固态时无定型状态。

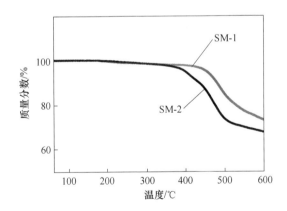

图 3-5 SM-1 和 SM-2 的热重分析（TGA）

3.2.4 小分子传输性能的研究

材料本身的传输性能，对于判断其能否作为好的太阳能电池材料来说也是一个重要的指标。好的太阳能电池材料要有相对高的传输性能，以及和 PCBM 共混时电子和空穴传输能力的平衡，来促进自由载流子的传输。给体材料通常有相对较低的空穴迁移率，受体材料 $PC_{71}BM$ 的迁移率在 $2×10^{-3}cm^2/(V·s)$。本书通过制作有机场效应器件，测定 SM-1 和 SM-2 的氯仿溶液质量浓度为 10mg/mL；SM-1：$PC_{71}BM$ 和 SM-2：$PC_{71}BM$ 以质量比 1：3 共混溶于氯仿中，总质量浓度为 15mg/mL，以转速 500r/min 旋涂成膜。使用底栅、顶电极接触的方法，分别给出了输出曲线和转移特性曲线，如图 3-6 所示，迁移率根据转移特性曲线通过公式 $I_{SD} = (W/2L)C_i\mu(V_G - V_T)^2$ 计算得出，其中沟道宽度 $W = 2.5mm$，长度 $L = 50\mu m$，形成的沟道宽长比为 50：1，C_i 为栅极绝缘层的单位面积电容（SiO_2，500nm，$C_i = 7.5nF/cm^2$）。

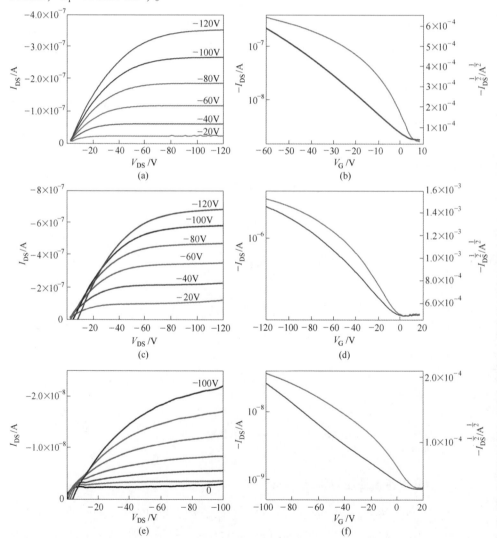

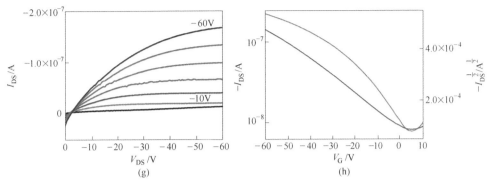

图 3-6　输出曲线和转移特性曲线

（a）（b）SM-1；（c）（d）SM-2；（e）（f）SM-1：$PC_{71}BM$；（g）（h）SM-2：$PC_{71}BM$

图 3-6 彩图

测试结果表明，小分子 SM-1 和 SM-2 是典型的空穴传输材料，场效应器件没有经过进一步优化，空穴迁移率分别为 $4.0×10^{-4} cm^2/(V·s)$ 和 $3.9×10^{-4} cm^2/(V·s)$。共混后 SM-1 和 SM-2 迁移率都有所下降，分别为 $1.13×10^{-5} cm^2/(V·s)$ 和 $2.05×10^{-4} cm^2/(V·s)$，共混后低的迁移率可能会对 SM-1 的光电转化效率有一定影响，光电转化效率的实验证明了这一结果。

3.2.5　小分子光伏性能及形貌的研究

以小分子 SM-1 和 SM-2 作为体异质结结构的给体材料，并以 $PC_{71}BM$ 作为受体材料，研究其光伏性能。采用 ITO/PEDOT：PSS/SM-1（或 SM-2）：$PC_{71}BM$/LiF/Al 的器件结构，将共混材料在不同的质量配比下溶于邻二氯苯中进行旋膜优化，发现光伏性能对配比是非常敏感的，光伏数据列于表 3-2。

表 3-2　光伏性能参数（SM-1：$PC_{71}BM$ 和 SM-2：$PC_{71}BM$）

活性层	质量比	V_{oc}/V	J_{sc}/mA·cm^{-2}	FF	PCE/%	厚度/nm
SM-1：$PC_{71}BM$	1：0.5	0.74	2.32	0.25	0.44	106
SM-1：$PC_{71}BM$	1：1	0.73	3.95	0.35	1.01	101
SM-1：$PC_{71}BM$	1：2	0.70	4.65	0.36	1.17	105
SM-1：$PC_{71}BM$	1：3	0.65	8.13	0.33	1.73	104
SM-1：$PC_{71}BM$	1：4	0.58	6.47	0.26	1.02	110
SM-1：$PC_{71}BM$[①]	1：3	0.72	6.41	0.44	2.05	105
SM-2：$PC_{71}BM$	1：2	0.70	4.46	0.40	1.23	95
SM-2：$PC_{71}BM$	1：3	0.82	5.31	0.45	1.95	103
SM-2：$PC_{71}BM$	1：4	0.79	4.49	0.41	1.45	105

活性层	质量比	V_{oc}/V	J_{sc}/mA·cm^{-2}	FF	PCE/%	厚度/nm
SM-2∶PC$_{71}$BM②	1∶3	0.82	6.00	0.47	2.29	105
SM-2∶PC$_{71}$BM①	1∶3	0.82	5.77	0.40	1.90	99

①共混薄膜在氮气氛围 130℃加热 5min；②用 0.5%的 CN 作添加剂。

对 SM-1 来说，在与 PC$_{71}$BM 共混质量比为 1∶3 的条件下，总质量浓度为 28mg/mL，活性层厚度在 105nm 时光电转化效率最高，开路电压 V_{oc}、短路电流密度 J_{sc}、填充因子 FF 和能量转换效率 PCE 分别为 0.65V、8.13mA/cm^2、0.33 和 1.73%；在 130℃条件下退火 5min，光电转化效率会提高到 2.05%，开路电压和 FF 有明显提高，弥补了 J_{sc} 减少带来的影响，总的效率提高了 18.5%。但退火会影响共混膜的形貌，下面介绍形貌的详细研究内容。

对 SM-2 来说，同样在质量比 1∶3 的条件下取得最好成绩，在最高效率 PCE 为 1.95% 时，开路电压 V_{oc} 为 0.82V，短路电流密度 J_{sc} 为 5.31mA/cm^2，FF 为 0.45。在加有 0.5% 1-氯萘（CN）添加剂的条件下，光电转化效率提高到 2.29%。添加剂的加入同样会对形貌有很大影响。

光伏器件的外量子效率（EQE）是表征太阳能电池的另外一个重要参数，使用连续单色光测定得到。结果如图 3-7（a）所示，SM-1 在可见光 350~610nm 的范围内可以看到显著的光电响应，在 535nm 处 EQE 为 44%，在 130℃退火 5min，在 535nm 处 EQE 为 33%。外量子效率的下降可以合理解释在退火后短路电流的下降。如图 3-7（b）所示，SM-2 在可见光 380~600nm 的范围内可以看到显著的光电响应，在使用添加剂后在 473nm 处 EQE 从 44% 上升到 55%，短路电流有所提高，最终提高光电转化效率。如此高的 EQE 响应表明使用添加剂后器件内部形成了较好的相分离结构。下面讨论形貌的变化。

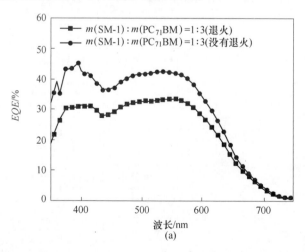

(a)

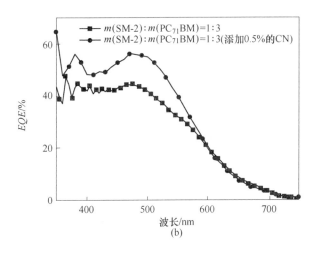

(b)

图 3-7 光伏器件的外量子效率

(a) $m(SM\text{-}1):m(PC_{71}BM)=1:3$（在退火前后）；(b) $m(SM\text{-}2):m(PC_{71}BM)=1:3$（加入添加剂前后）

因为共混薄膜的形貌对于光伏器件内部电荷的分离和载流子的传输有很重要的影响，通过使用原子力显微镜对 SM-1 与 $PC_{71}BM$ 按质量比 1:3 共混制备的器件，在退火前后的形貌进行了观察，结果如图 3-8（a）和（b）所示，在退火前，共混膜显示了光滑的表面，粗糙度 RMS 为 0.231，退火之后，薄膜的表面开始变得粗糙，可以明显观察到相分离和纤维状的结构，RMS 值为 0.326，这表明退火之后，纤维状结构的形成和适当的相分离有利于激子发生电荷分离和载流子向两个电极的传输。

对 SM-2 与 $PC_{71}BM$ 共混的活性层的形貌，在使用 0.5% 1-氯萘添加剂的前后

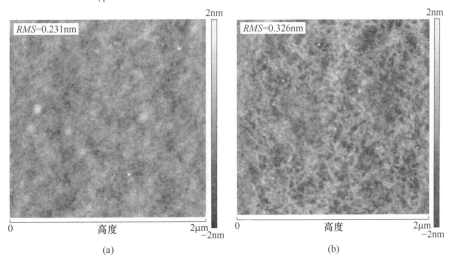

(a)   (b)

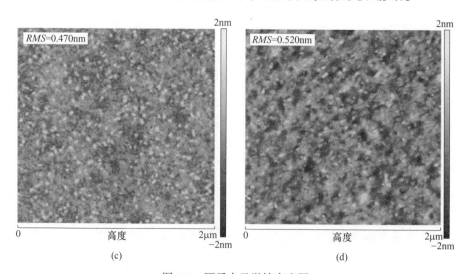

图 3-8 原子力显微镜高度图

（a）$m(\text{SM-1}):m(\text{P}_{71}\text{CBM})=1:3$（退火前）；（b）退火 130℃加热 5min 后；

（c）$m(\text{SM-2}):m(\text{P}_{71}\text{CBM})=1:3$（无添加剂）；（d）用 0.5% CN 作添加剂处理后（2μm×2μm）

进行了测试和分析。如图 3-8（c）和（d）所示，在使用添加剂前，薄膜形貌较光滑，RMS 为 0.47，而在使用添加剂之后，活性层的形貌发生明显的相分离，粗糙度增大到 0.52，这表明少量的添加剂就可以改变混合薄膜的形貌，能够提高光伏性能。相分离尺度大小对光电性能有很大的影响[219]，分离尺度越小两相之间形成的界面也就越多，激子发生电荷分离的概率也就越大，但是，相分离尺度太小，两相的无序性也会增大，不利于形成连续的激子传输通道，对光电性能是不利的。反之，相分离太大，会造成载流子的重新复合，也不利于光电转化性能，合适的相分离尺度是人们不断优化形貌所寻找的平衡点，进而达到最大的光电转化效率。

3.3 本 章 小 结

设计了新型的以三聚咔唑为核的星型小分子 SM-1 和 SM-2，并通过 Suzuki 偶联反应合成了相应的化合物，对其结构进行表征，详细地研究了它们的光谱性能、电化学、热稳定性、传输性能和光伏性能。这两个小分子材料表现出很好的热稳定性，强的光谱吸收和相对较高的空穴迁移率。用 SM-1 与 SM-2 分别和 PC$_{71}$BM 共混，通过溶液旋涂的方法，制备的体异质结结构的太阳能电池的光电转化效率分别为 2.05% 和 2.29%，这是目前报道的基于三聚咔唑类光伏材料的最高值，表明三聚咔唑类型的小分子作为溶液旋涂的有机太阳能电池的给体材料有一定的应用前景。

4   氟化对小分子/PC$_{71}$BM 共混物纳米级相分离和光伏性能的影响

基于小分子的有机太阳能电池具有明确的化学结构、易于纯化、纯度高、无批次间差异等明显优势[191-193]。故与聚合物的材料相比，基于小分子的材料更适合大规模生产。在高效小分子供体的发展和供体/受体界面纳米级相分离研究的推动下，体异质结构基于小分子的二元太阳能电池其已取得 15.8% 的光电转化效率[129]。

由于强的吸电子能力，在小分子的共轭骨架上引入氟原子可以降低 HOMO 能级，导致 OSCs 中的开路电压（V_{oc}）更高[282-289]。此外，内部 F—S 和 F—H 的分子相互作用可以使分子间更加紧密地堆积导致分子具有优异的空穴迁移率[287,290-292]。氟化分子还表现出良好的热稳定性和电化学稳定性，这将有助于未来的商业应用。尽管氟化小分子已被广泛研究，但氟原子主要被引入供体材料的受体单元[288,293-295]，而在供体单元具有氟原子的小分子的研究的工作仍然很少。三苯胺（TPA）基小分子是有机半导体器件中常见的供体材料[296-300]。TPA 单元的低平面性会导致小分子的分子内堆积较弱，导致 OSC 中的空穴迁移率相对较低[301-303]。因此，共轭氟单元可以增强 TPA 基小分子的聚集，并在与 PC$_{71}$BM 混合时产生适当的纳米级相分离。因此，预期会有高的空穴迁移率和光电转化效率。

在本章中，基于 3-苯并噻二唑（BT）或吡咯并吡咯二酮（DPP）作为核，三苯胺（TPA）或氟化苯基（DFP）作为端基的 6 个小分子（DFP-BT-DFP、DFP-BT-TPA、TPA-BT-TPA、DFP-DPP-DFP、DFP-DPP-TPA 和 TPA-DPP-TPA）被设计合成，其结构如图 4-1 所示，并将其用作有机太阳能电池的给体材料。BT 或 DPP 基团因其独特的平面性和显著的吸电子能力而被选为受体单元，不同的 DFP 基团作为端基，来研究氟化供体单元对小分子的有机太阳能电池性能的影响。以 1 个或 2 个 DFP 为端基，BT 基小分子供体 TPA-BT-TPA、DFP-BT-TPA 和 DFP-BT-DFP 的 HOMO 水平逐渐降低；基于 DPP 的小分子供体也表现出类似的趋势，这将有利于在有机太阳能电池中实现高 V_{oc}。由于 DFP-BT-DFP 和 DFP-DPP-DFP 的溶解度较差，因此在 OSC 中仅使用 TPA-BT-TPA、TPA-DPP-TPA、DFP-BT-TPA 和 DFP-DPP-TPA 作为供体材料。与 TPA-BT-TPA 和 TPA-DPP-TPA 相比，基于 DFP-BT-TPA 和 DFP-DPP-TPA 的共混膜均表现出更强的纳米级聚集，从而导致器件中获得更高的空穴迁移率。最终，基于 DFP-BT-TPA 和 DFP-DPP-TPA 的器件分别获得了 2.17% 的 *PCE*、0.90V 的 *V*$_{oc}$ 和 1.22% 的 *PCE*、0.78V 的 *V*$_{oc}$。本书研究结果表明，通过在小分子的供体单元处引入氟原子可以显著提高光伏器件中小分子的纳米级聚集尺寸，这为进一步设计用于 OSC 的高效小分子供体提供了有用的信息。

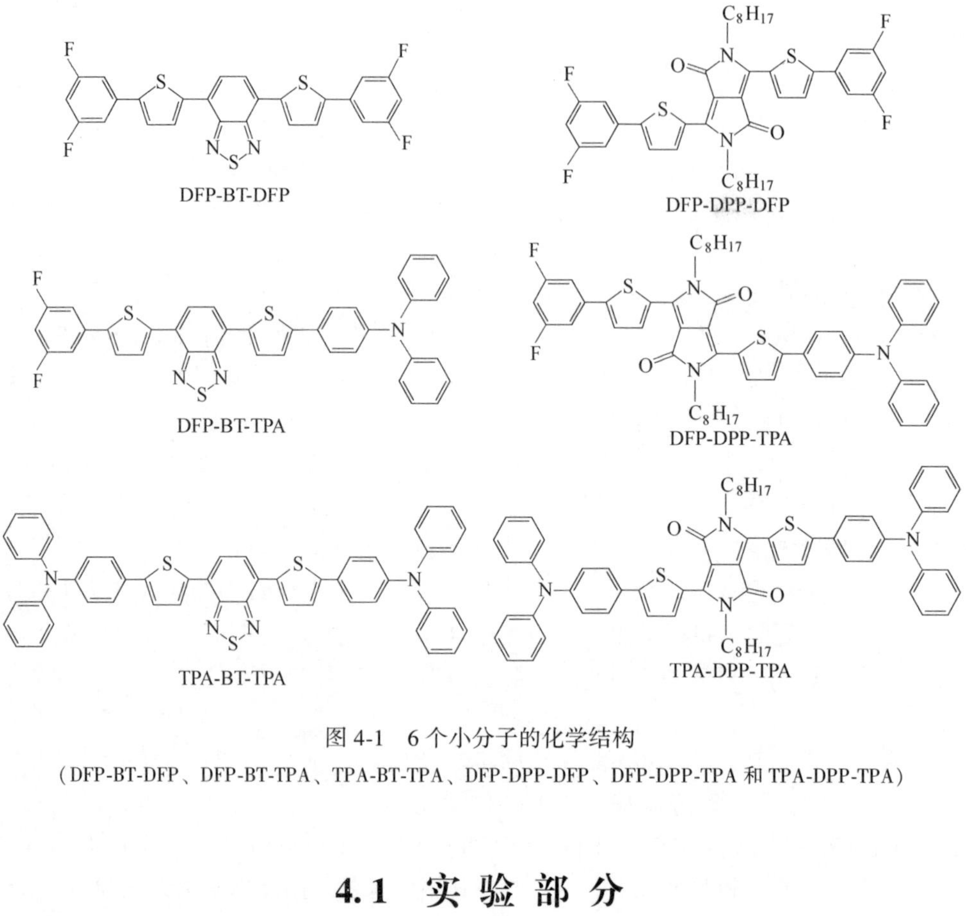

图 4-1　6 个小分子的化学结构
（DFP-BT-DFP、DFP-BT-TPA、TPA-BT-TPA、DFP-DPP-DFP、DFP-DPP-TPA 和 TPA-DPP-TPA）

4.1　实　验　部　分

4.1.1　试剂与仪器

使用的试剂都从国内购买，未经纯化直接使用。催化剂 Pd(PPh$_3$)$_4$ 按照文献方法合成[236]，溶剂四氢呋喃、甲苯在氮气气氛下加入金属钠回流干燥用二苯甲酮作指示剂，溶液显蓝紫色说明除水干净。二氯甲烷和正己烷在氮气气氛下加入氢化钙中回流干燥。三氯甲烷蒸馏后使用。4,7-双（5-溴噻吩-2-基）苯并［c］［1,2,5］噻二唑[304]和 3,6-双（5-溴噻吩-2-基）-2,5-二辛基吡咯［3,4-c］吡咯-

1,4-二酮[305]按照文献合成，反应结束后使用 TLC 硅胶板 F$_{254}$点板监测，柱层析分离。产物使用的硅胶目数为 200~300，水含量小于 0.1%。

化合物表征的核磁氢谱、碳谱用氘代氯仿作为溶剂，采用仪器 Bruker AV 400 或 AV600，MALDI-TOF 由 Bruker Daltonics Reflex Ⅲ 给出。荧光光谱由 FluoMax-4 荧光仪给出。紫外-可见吸收光谱数据用 Perkin Elmer UV-Vis Spectrometer model Lambda 750 测试，热失重分析（TGA）结果由 TA2100 在氮气保护下加热速度 10℃/min 测得，差示扫描量热分析（DSC）由 Perkin-Elmer Diamond DSC 仪器在氮气保护下加热速度 20℃/min 测得；元素分析结果由 Flash EA 1112 分析仪给出。高分辨质谱由 Bruker Apex Ⅳ FTMS 给出。形貌图用原子力显微镜（AFM）以轻敲模式由 Nanoscope Ⅲ A 给出，薄膜厚度使用 Dektak 6M 表面轮廓仪测得。电化学行为由 CHI630a 型电化学工作站测定，用标准三电极法，在室温氮气气氛保护下，以浓度为 0.1mol/L 的四丁基六氟磷铵溶液为电解液，玻碳电极为工作电极，铂丝电极为对电极，Ag/AgNO$_3$（0.01mol/L，在 CH$_3$CN 中）为参比电极，实验使用二茂铁（ferrocene/ferrocenium（Fc））氧化还原体系标定，并假定 Fc 的真空能级为 -4.8eV[239]。

4.1.2 小分子太阳能电池器件制作和性质表征

本书相关实验中有机太阳能电池的结构是 ITO/PEDOT：PSS/SM：PCBM/LiF/Al。锡铟金属氧化物（ITO）玻璃使用前一定要保证玻璃片的干净。洗涤过程：用无泡沫洗涤剂洗涤，然后用二次水超声 10min，接着用氨水、过氧化氢、二次水体积比为 6：6：30 的溶液在 100℃加热约 15min，再用二次水冲洗十几次。之后用旋膜机旋掉玻璃表面的水，转速 3000r/min，需要时间 1min，再旋涂 PEDOT：PSS（PEDOT：PSS 的型号是 Baytron AI 4083），使用前用 0.45mm 的 PVDF 过滤；转速为 3000r/min，时间 1min，测得的厚度大约为 40nm。再将玻璃片置于 130℃的热台上干燥 15min。小分子和受体 PC$_{71}$BM 按比例溶解在邻二氯苯中，70℃下搅拌过夜，然后旋涂在 PEDOT：PSS 上，可以通过浓度和转速调节膜的厚度。将旋好的器件转移到手套箱中抽真空到 10^{-4}Pa，蒸镀 LiF 大约 0.6nm 和 100nm 的 Al。每个 ITO 玻璃片上有 5 个器件，每个器件的面积为 0.04cm^2。在室温下，使用 Keithley 2400 仪器测试电流-电压特性曲线，测试的光强为 100mW/cm^2 的 AM 1.5G AAA 级光源（model XES-301S，SAN-EI），光源使用前需要用标准单晶硅太阳能电池校准。

4.1.3 空间电荷限制电流（SCLC）器件的制作和测试

测量空间电荷限制电流（SCLC）的器件采用 ITO/PEDOT：PSS/小分子：PC$_{71}$BM/Au 的配置制造。ITO 的电导率为 20Ω，PEDOT：PSS 是来自 H. C. Starck

的 Baytron Al 4083，使用前用 0.45μm 聚醚砜（PES）薄膜过滤。将 PEDOT：PSS 以 3000r/min 的速度旋涂在清洁的 ITO 基板上 60s，随后在加热板上在 130℃ 下干燥 15min，PEDOT：PSS 层的厚度约为 40nm。小分子和 PC₇₁BM 在 110℃ 下溶解在氯苯（CB）中过夜，然后旋涂到 PEDOT：PSS 层上。随后在 10^{-4}Pa 的压力下通过阴影掩模用 100nm 的金热蒸发顶部电极。使用 Agilent B2902A 电源在 0~5.0V 的黑暗范围内记录暗电流-电压特性。

4.1.4　材料的合成及结构表征

6 种小分子（DFP-BT-DFP、DFP-BT-TPA、TPA-BT-TPA、DFP-DPP-DFP、DFP-DPP-TPA 和 TPA-DPP-TPA）的合成方法如图 4-2 所示。

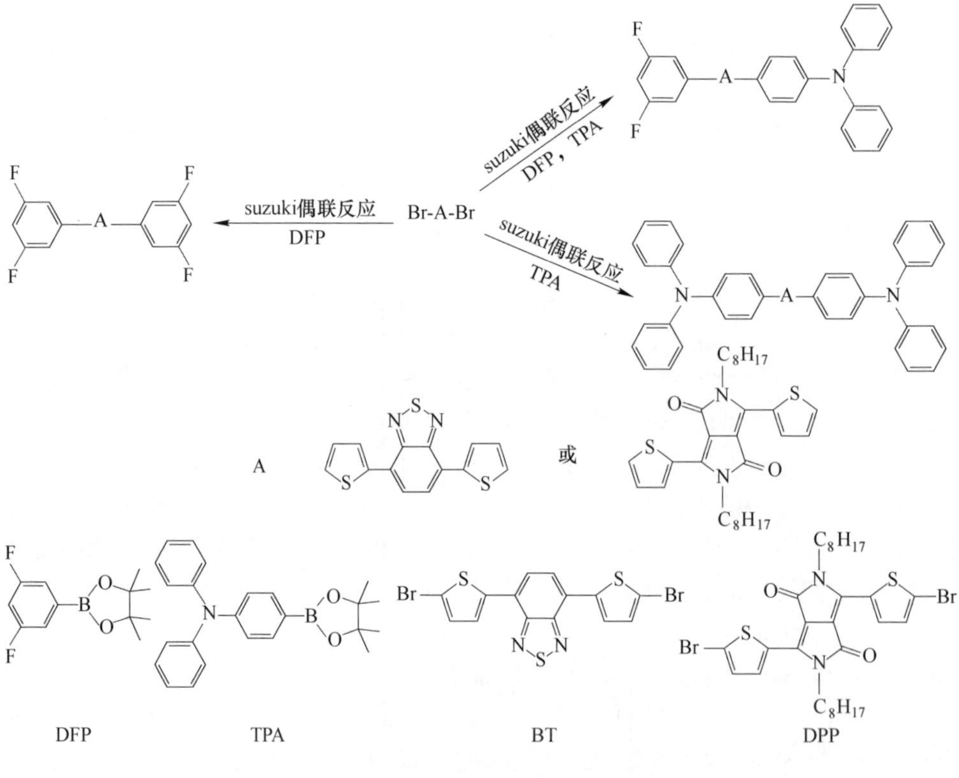

图 4-2　6 种小分子的合成路线

（DFP-BT-DFP、DFP-BT-TPA、TPA-BT-TPA、DFP-DPP-DFP、DFP-DPP-TPA 和 TPA-DPP-TPA）

（1）DFP-BT-DFP 的合成：4,7-双（5-溴噻吩-2-基）苯并［c］［1,2,5］噻二唑 BT（0.96g，2.1mmol）、3,5-二氟苯硼酸酯 DFP（1.01g、4.2mmol）、K₂CO₃

（1.38g，10.0mmol）和少量溴化叔丁基铵溶于 100mL 甲苯中和 5mL 水中反复脱气，后加入 Pd（PPh$_3$）$_4$（127.1mg，0.11mmol）。再反复脱气，加热搅拌，在油浴 120℃下反应 3d。用二氯甲烷（3×50mL）萃取，收集有机相，无水硫酸镁干燥过滤，旋蒸掉溶剂，氯仿与石油醚体积比为 5∶1 的溶剂作洗脱剂，柱层析分离得紫色结晶 0.73g，产率 66%。^{1}H NMR（400MHz，CDCl$_3$）δ：8.12（d，1H），7.94（s，1H），7.44（d，1H），7.52（m，2H），6.77（m，1H）。^{13}C NMR（100MHz，CDCl$_3$）δ：155.61，151.55，148.01，143.27，142.00，137.55，131.73，120.63，116.91。分析 C$_{26}$H$_{12}$F$_4$N$_2$S$_3$ 的计算值为：C 59.53，H 2.31，N 5.34；实测值为：C 59.42，H 2.40，N 5.26。MALDI-TOF：C$_{26}$H$_{12}$F$_4$N$_2$S$_3$ 计算值为 524.6，实测值为：523.8。

（2）DFP-BT-TPA 的合成：方法同 DFP-BT-DFP 的合成；BT（1.15g，2.5mmol）、DFP（0.60g，2.5mmol）、TPA（0.93g，2.5mmol）、K$_2$CO$_3$（1.38g，10.0mmol）和 Pd（PPh$_3$）$_4$（144.3mg，0.11mmol）。得紫色结晶 0.67g，产率 41%。^{1}H NMR（400MHz，CDCl$_3$）δ：8.14（d，1H），8.08（d，1H），7.90（t，2H）7.57（d，2H），7.43（d，1H），7.34（d，1H），7.29（t，3H），7.22（d，2H），7.16—7.00（m，8H），6.75（t，1H）。^{13}C NMR（100MHz，CDCl$_3$）δ：161.66，158.56，153.96，145.33，143.04，139.03，132.72，129.49，127.99，124.80，123.41，123.32，115.51。分析 C$_{38}$H$_{23}$F$_2$N$_3$S$_3$ 的计算值为：C 69.60，H 3.54，N 6.41；实测值为：C 69.45，H 3.52，N 6.40。MALDI-TOF：C$_{38}$H$_{23}$F$_2$N$_3$S$_3$ 计算值为 655.8，实测值 654.9。

（3）TPA-BT-TPA 的合成：方法同 DFP-BT-DFP 的合成；BT（1.01g，2.2mmol）、TPA（1.63g，4.4mmol）、K$_2$CO$_3$（1.22g，8.8mmol）和 Pd（PPh$_3$）$_4$（127.1mg，0.11mmol）。得紫色结晶 1.30g，产率 75%。^{1}H NMR（400MHz，CDCl$_3$）δ：8.11（s，2H），7.85（s，2H），7.56（m，4H），7.29（m，10H），7.08（m，16H）。^{13}C NMR（100MHz，CDCl$_3$）δ：152.57，147.58，147.39，129.35，128.67，128.03，126.60，125.61，125.14，124.64，123.46，123.23。分析 C$_{50}$H$_{34}$N$_4$S$_3$ 的计算值为：C 76.30，H 4.35，N 7.12；实测值为：C 76.17，H 4.36，N 7.02。MALDI-TOF：C$_{50}$H$_{34}$N$_4$S$_3$ 计算值为 787.0，实测值 785.9。

（4）DFP-DPP-DFP 的合成：方法同 DFP-BT-DFP 的合成；DPP（1.37g，2.0mmol）、DFP（0.96g，4.0mmol）、K$_2$CO$_3$（1.11g，8.0mmol）和 Pd（PPh$_3$）$_4$（115.5mg，0.11mmol）。得灰色固体 0.91g，产率 66%。^{1}H NMR（400MHz，CDCl$_3$）δ：8.94（d，2H），7.48（d，2H），7.19（d，4H），6.82（t，2H），4.11（t，4H），1.77（t，4H），1.46—1.28（m，20H），0.86（t，6H）。^{13}C NMR（100MHz，CDCl$_3$）δ：161.26，155.77，155.15，149.36，146.58，139.32，

136. 46，129. 90，125. 89，109. 15，108. 85，42. 32，31. 79，30. 01，29. 28，0. 9，29. 26，2. 6，2. 6。分析 $C_{42}H_{44}F_4N_2O_2S_2$ 的计算值为：C 67. 36，H 5. 92，N 3. 74；实测值为：C 67. 12，H 5. 92，N 3. 73。MALDI-TOF：$C_{42}H_{44}F_4N_2O_2S_2$ 计算值为 748. 9，实测值为 748. 1。

(5) DFP-DPP-TPA 的合成：方法同 DFP-BT-DFP 的合成；DPP（1. 91g，2. 8mmol）、DFP（0. 67g，2. 8mmol）、TPA（1. 04g，2. 8mmol）、K_2CO_3（3. 33g，14. 0mmol）和 Pd（PPh₃）₄（161. 7mg，0. 14mmol）。得灰色固体 0. 76g，产率 31%。^{1}H NMR（400MHz，$CDCl_3$）δ：9. 04（s，1H），8. 87（s，1H），7. 52（s，2H），7. 44（s，1H），7. 36（s，1H），7. 30（t，4H），7. 14（d，6H），7. 08（dd，4H），6. 78（s，1H），4. 09（t，4H），1. 76（t，4H），1. 45—1. 26（m，20H），0. 85（t，6H））。^{13}C NMR（100MHz，$CDCl_3$）δ：148. 74，147. 02，137. 71，129. 47，126. 99，126. 30，125. 09，123. 80，123. 64，122. 58，109. 05，108. 77，42. 32，31. 82，30. 04，29. 27，29. 22，26. 94，22. 64，14. 12。分析 $C_{55}H_{59}F_2N_3O_2S_2$ 的计算值为：C 73. 71，H 6. 64，N 4. 69；实测值为：C 73. 25，H 6. 35，N 4. 73。MALDI-TOF：$C_{55}H_{59}F_2N_3O_2S_2$ 计算值为 896. 2，实测值为 895. 3。

(6) TPA-DPP-TPA 的合成：方法同 DFP-BT-DFP 的合成；DPP（1. 30g，1. 9mmol）、TPA（1. 41g，3. 8mmol）、K_2CO_3（1. 31g，9. 5mmol）和 Pd（PPh₃）₄（115. 5mg，0. 10mmol）。得灰色固体，产量 1. 35g，产率 70%。^{1}H NMR（400MHz，$CDCl_3$）δ：7. 30（t，15H），7. 10（d，17H），4. 10（t，4H），1. 80（t，4H），1. 46—1. 26（m，20H），0. 84（t，6H）。^{13}C NMR（100MH，$CDCl_3$）δ：162. 54，160. 20，155. 76，148. 66，147. 40，132. 11，129. 44，126. 93，124. 82，123. 60，123，124. 82，12. 72，123. 69，122. 72，110. 77，42. 28，31. 81，30. 03，29. 24，29. 22，26. 93，22. 63，14. 10。分析 $C_{66}H_{66}N_4O_2S_2$ 的计算值为：C 78. 38，H 6. 58，N 5. 54；实测值为：C 78. 17，H 6. 61，N 5. 38。MALDI-TOF：$C_{66}H_{66}N_4O_2S_2$ 计算值为 1011. 4，实测值为 1010. 1。

4.2　结果和讨论

4.2.1　小分子的合成

所有小分子均采用硼酸酯和溴化芳族化合物在甲苯和 K_2CO_3 水溶液中在 N_2 下以 Pd（PPh₃）₄ 为催化剂进行 Suzuki 交叉偶联反应合成。DFP-BT-TPA、TPA-BT-TPA、DFP-DPP-TPA 和 TPA-DPP-TPA 在氯仿（$CHCl_3$）、四氢呋喃（THF）和 CB 等常见有机溶剂中表现出良好的溶解性。然而，DFP-BT-DFP 和 DFP-DPP-DFP 在这些溶剂中表现出较差的溶解性，这可能是由于氟化和对称的分子结构。

4.2.2 小分子的光学和热学性质研究

6 种小分子在稀 CB 溶液中和室温下薄膜的归一化紫外-可见吸收光谱如图 4-3 所示。这些小分子在 300~700nm 范围内表现出宽吸收，具有两个明显的吸收峰，这可归因于 π-π* 跃迁以及供体和受体单元之间的内部电荷转移（ICT）相互作用[291,298]。从溶液到固态时，吸收光谱变得更宽，DFP-BT-DFP 红移为 17nm，DFP-BT-TPA 为 5nm，TPA-BT-TPA 为 5nm，这可归因于固态中更紧密的 π-π 堆叠。对于这些小分子，薄膜吸收光谱的起始波长分别为 636nm、643nm、659nm，计算出的光学带隙分别为 1.95eV、1.93eV 和 1.88eV。与基于 BT 的小分子类似，DFP-DPP-DFP、DFP-DPP-TPA、TPA-DPP-TPA 在 300~750nm 范围内显示出更宽的吸收，并具有两个明显的吸收峰。具体来说，DFP-DPP-DFP 的吸收表现出更强的肩峰，显示在固态下更有序的分子堆叠能力[306-307]。从吸收起始计算，光学

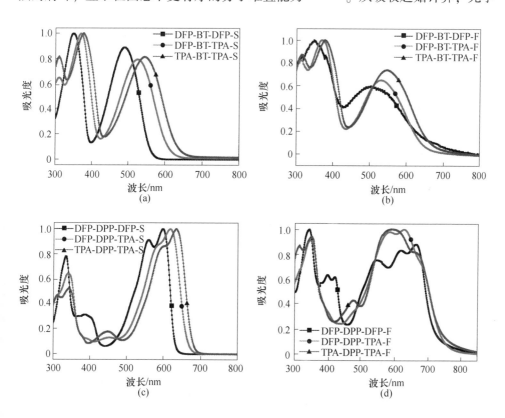

图 4-3 6 个小分子的归一化紫外-可见吸收光谱

（a）（c）在稀 CB 溶液中；（b）（d）在石英片上的薄膜

带隙分别为 1.73eV、1.66eV 和 1.63eV，分别用于 DFP-DPP-DFP、DFP-DPP-TPA 和 TAP-DPP-TPA。

如图 4-4 所示，热重分析（TGA）显示这些聚合物具有良好的热稳定性，氮气气氛下其 5% 热失重温度达到 400℃以上，说明这些小分子有很好的热稳定性。通过熔点仪测定其熔点数据见表 4-1。

表 4-1　小分子的光学、电化学和物理性质

给体材料	λ_{abs}（溶液）/nm	λ_{abs}（膜）/nm	起始 λ/nm	$E_{g,opt}$/eV	HOMO	LUMO	T_m/℃
DFP-BT-DFP	488	505	636	1.95	−5.73	−3.78	246.6
DFP-BT-TPA	525	530	643	1.93	−5.34	−3.41	248.8
TPA-BT-TPA	544	547	659	1.88	−5.17	−3.29	254.4
DFP-DPP-DFP	598	616, 663	715	1.73	−5.59	−3.86	216.9
DFP-DPP-TPA	619	583, 627	746	1.66	−5.13	−3.47	195.3
TPA-DPP-TPA	634	588, 656	760	1.63	−5.07	−3.44	217.3

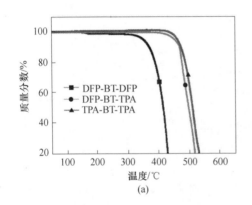 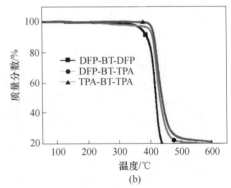

图 4-4　小分子的热重分析

（a）DFP-BT-DFP、DFP-BT-TPA、TPA-BT-TPA；（b）DFP-DPP-DFP、

DFP-DPP-TPA、TPA-DPP-TPA

（加热速度为 10℃/min）

差示扫描量热分析（DSC）显示在 50～300℃，这些聚合物有明显的玻璃化转变温度，如图 4-5 所示，DSC 图像表明所有这些小分子都是结晶的，当与 PC$_{71}$BM 混合时，这可能有利于分子间的紧密堆积。

4.2.3　小分子的电化学性质研究

通过循环伏安法（CV）来考察这些小分子的电化学特性，如图 4-6 所示，

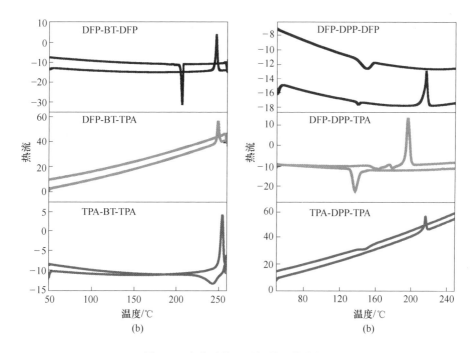

图 4-5　小分子的差示扫描量热分析

（a）DFP-BT-DFP，DFP-BT-TPA，TPA-BT-TPA；（b）DFP-DPP-DFP，DFP-DPP-TPA，TPA-DPP-TPA

（加热速度为 20℃/min）

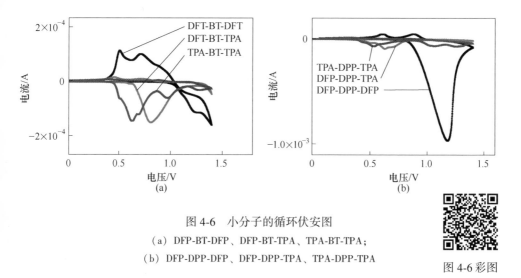

图 4-6　小分子的循环伏安图

（a）DFP-BT-DFP、DFP-BT-TPA、TPA-BT-TPA；

（b）DFP-DPP-DFP、DFP-DPP-TPA、TPA-DPP-TPA

图 4-6 彩图

DFP-BT-DFP、DFP-BT-TPA 和 TPA-BT-TPA 的起始氧化电位（E_{ox}）分别为 1.02V、0.63V、0.46V，根据方程 $E_{HOMO} = -e(4.71 + E_{ox})$，可以确定这些小分子

的 HOMO 能级为 -5.73eV、-5.34eV 和 -5.17eV。结合光学带隙和方程式 $E_{LUMO} = E_{HOMO} + E_{g,opt}$ [39]计算得出 DFP-BT-DFP、DFP-BT-TPA、TPA-BT-TPA 的 LUMO 能级分别为 -3.78eV、-3.41eV 和 -3.29eV。同样，对于 DFP-DPP-DFP、DFP-DPP-TPA 和 TAP-DPP-TPA，可确定 HOMO 和 LUMO 能级分别为 -5.59eV、-5.13eV、-5.07eV 和 -3.86eV、-3.47eV、-3.44eV。这些结果表明，氟原子的掺入可以显著降低 HOMO 能级[308]，这将有利于在有机太阳能电池中实现高 V_{oc}。数据总结见表 4-1。

4.2.4　小分子光伏性能的研究

通过 ITO/PEDOT：PSS/donor：PC$_{71}$BM/LiF/Al 的通用器件结构研究了这些小分子的光伏特性。筛选了 CB 溶液中小分子与 PC$_{71}$BM 的不同旋涂速度和质量比，以优化光伏性能。由于 DFP-BT-DFP 和 DFP-DPP-DFP 的溶解性较差，可以很容易地观察到其具有大的团簇结构，因此，将不讨论这两种基于小分子的器件的光伏性能。对于其他小分子，电流密度-电压（J-V）曲线如图 4-7（a）所示，器件特性总结见表 4-2。对于所有器件，优化后发现质量比为 1：4 的时候性能最优，TPA-BT-TPA 器件的 PCE 为 1.95%，V_{oc} 为 0.82V，J_{sc} 为 5.97mA/cm^2，FF 为 0.40。当一个 TPA 单元被一个 DFP 替换时，基于 DFP-BT-TPA 的设备获得了 0.90V 的 V_{oc} 和 6.12mA/cm^2 的 J_{sc}，PCE 提高为 2.17%。同样，基于 DFP-DPP-TPA 的太阳能电池的 PCE 比基于 TPA-DPP-TPA 的器件高 1.22%，V_{oc} 为 0.78V。这种提高归因于 V_{oc} 和 J_{sc} 的增加。由于 V_{oc} 与供体材料的 HOMO 能级和 PC$_{71}$BM 的 LUMO 能级之间的差值有关，因此基于 DFP 的小分子的 HOMO 能级降低会导致更高的 V_{oc}。基于 DFP 的小分子还具有更大的纳米级聚集体，从而在活性层中产生更高的空穴迁移率，这也将导致器件中更高的 J_{sc}。

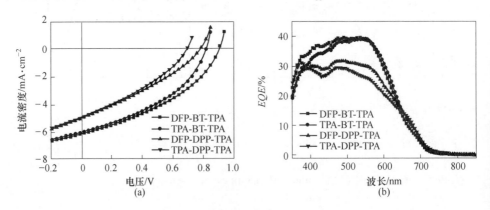

图 4-7　由小分子和 PC$_{71}$BM 共混器件的 J-V 特性（a）和 EQE 曲线（b）

表 4-2 基于小分子的器件的光伏性能和空穴迁移率

给体材料	V_{oc} /V	J_{sc} /mA · cm⁻²	FF	PCE/%		厚度 /nm	μ/cm² · (V · s)⁻¹
				最大值	平均值①		
DFP-BT-TPA	0.90	6.12	0.39	2.17	2.08	76	3.81×10⁻⁴
TPA-BT-TPA	0.82	5.97	0.40	1.95	1.85	82	4.42×10⁻⁵
DFP-DPP-TPA	0.78	4.95	0.32	1.22	1.17	70	9.35×10⁻⁵
TPA-DPP-TPA	0.70	4.90	0.34	1.15	1.02	85	3.26×10⁻⁵

①平均值为测量超过 20 个器件得到的。

为了验证从 J-V 测量获得的 J_{sc}，测量了器件的外量子效率 EQE，如图 4-7 （b）所示，器件均在 350~600nm 范围内显示出较宽的响应；基于 DFP-BT-TPA 和 TPA-BT-TPA 的器件的最大 EQE 均为 40%，高于 DFP-DPP-TPA 和 TPA-DPP-TPA。从 EQE 曲线积分的 J_{sc} 值都与从 J-V 测量获得的值大致一致。

这些器件的空穴迁移率通过空间电荷限制电流（SCLC）方法测量。用 ITO/PEDOT：PSS/donor：PC₇₁BM/Au 的结构制造空穴器件，并从暗 J-V 实验计算得到空穴迁移率值（μ）。使用 Mott-Gurney 方程拟合暗 J-V 曲线：$J = 9\varepsilon_o\varepsilon_r\mu V^2/8L^3$，其中 J 是空间电荷限制电流密度，$\varepsilon_o$ 是真空介电常数，ε_r 是活性层的介电常数，μ 是小分子的空穴迁移率，L 是活性层的厚度。测得基于 DFP-BT-TPA 和 DFP-DPP-TPA 的器件的 μ 为 3.81×10^{-4} cm²/（V · s）和 9.35×10^{-5} cm²/（V · s），基于 TPA-BT-TPA 和 TPA-DPP-TPA 的器件的 μ 分别为 4.42×10^{-5} cm²/（V · s）和 3.26×10^{-5} cm²/（V · s）。基于 DFP 的器件的 μ 明显高于基于 TPA 的器件，这可能是由于它们的平面化学结构和在共混膜中产生更大的纳米级聚集。

4.2.5 小分子的形貌研究

用原子力显微镜（AFM）测试考察活性层的表面形态。混合良好的共混膜有利于器件中的激子解离，而适当的小分子纳米级聚集对于电荷传输也很重要。因此，合适的纳米级相分离对于获得优异的光伏性能至关重要[309]。如图 4-8 所示，基于 TPA-BT-TPA 和 TPA-DPP-TPA 的共混膜均匀且光滑，均方根粗糙度为 0.78nm 和 0.65nm，这可能是由于 TPA 的平面性较差。对于基于 DFP-BT-TPA 和 DFP-DPP-TPA 的器件，获得了粗糙度为 2.35nm 和 0.84nm 的更粗糙的共混膜表面，证明了 DFP-BT-TPA 和 DFP-DPP-TPA 的聚集明显强于 TPA-BT-TPA 和 TPA-DPP-TPA。结果表明，将 DFT 基团作为端基可以增强器件中的纳米级聚集，这将有利于共混薄膜中的电荷传输，并导致更高的 J_{sc} 和 PCE。

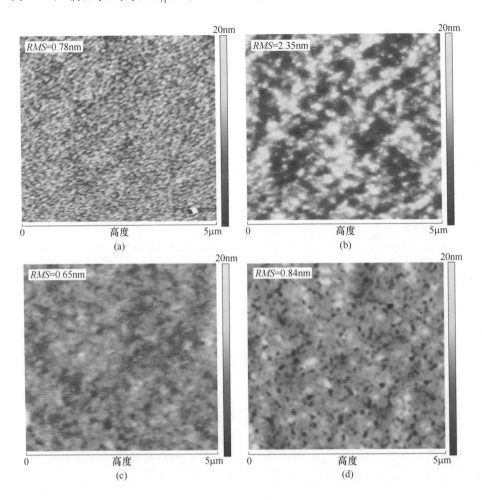

图 4-8   AFM（5μm×5μm）混合薄膜的高度图像

（a）TPA-BT-TPA：PC₇₁BM；（b）DFP-BT-TPA：PC₇₁BM；

（c）TPA-DPP-TPA：PC₇₁BM；（d）DFP-DPP-TPA：PC₇₁BM

4.3   本 章 小 结

总之，设计并合成了 6 种小分子（DFP-BT-DFP、DFP-BT-TPA、TPA-BT-TPA、DFP-DPP-DFP、DFP-DPP-TPA 和 TPA-DPP-TPA）作为有机太阳能电池中的给体。为了对比氟化给体单元对器件光伏性能的影响，将 DFP 和 TPA 基团作为端基，以 2,1,3-苯并噻二唑（BT）或二酮吡咯并吡咯（DPP）为核，通过偶联反应结合，发现以 1 个或 2 个 DFP 为端基，TPA-BT-TPA、DFP-BT-TPA 和

DFP-BT-DFP 的 HOMO 水平逐渐降低；对于基于 DPP 的小分子供体，也可以观察到类似的趋势，从而基于 DFP 的有机太阳能电池产生高 V_{oc}。与 TPA-BT-TPA 和 TPA-DPP-TPA 相比，DFP-BT-TPA 和 DFP-DPP-TPA 的共混膜均显示出更强的纳米级聚集，这也将导致器件中的空穴迁移率更高。最终，基于 DFP-BT-TPA 的设备获得了 2.17% 的 *PCE* 和 0.90V 的 V_{oc}。研究结果表明，通过在小分子的供体单元处引入氟原子，可以显著增强光伏器件中小分子的纳米级聚集尺寸。虽然 *PCE* 不够吸引人，但本书相关研究工作为有机太阳能电池中化学结构和纳米级相分离关系提供了重要依据。

5 基于聚甲基丙烯酸酯连有共轭侧链的光伏材料的设计合成及其光电性能研究

　　正如前文所述，目前在太阳能电池方面，窄带隙的交替共轭聚合物和小分子材料是作为给体材料而被广泛研究的体系[310-314]。它们采用本体异质结构作为活性层制备的器件已经取得了很显著的成绩[28,76,81,106-107,125]。然而，几乎所有的聚合物在合成过程中都不可避免地使用了过渡金属催化剂，因此有着纯化过程复杂、不同批次的聚合物存在差异等聚合物不易克服的缺点。小分子具有区别于聚合物的优点，如分子结构明确、易纯化、不存在批次差异等[315-316]。但小分子由于分子量相对小，在溶液旋涂过程中成膜性较差。形成光滑稳定的共混薄膜对于制备性能优良的器件是至关重要的。

　　基于此，本书研究设计了连有甲基丙烯酸酯有光伏性能的小分子，通过偶氮二异丁腈作催化剂进行聚合，生成了连有光伏性能侧链的聚甲基丙烯酸酯聚合物。由于反应过程中没有使用过渡金属催化剂，从而大大缩减了纯化过程，有效地减少了环境污染，合成了既有小分子的优点、又有良好成膜性的材料。本书合成了两种中间连有苯并噻二唑吸电子基团、两边连有给电子基团的甲基丙烯酸酯类小分子化合物，先通过一系列光谱和电化学方法表征这两个小分子，再经过聚合丙烯酸酯一端的双键，生成对应的高分子量的聚合物，结构如图 5-1 所示。详细对比研究了小分子和聚合物的性质，结果发现该聚合物既具有与小分子相似的性能，又改善了成膜性，这类分子有望开发成为第三类的新型光伏材料。

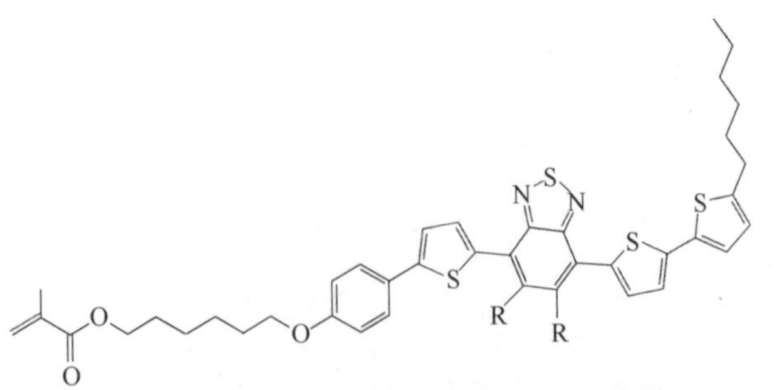

SM-01　　R=H
SM-02　　R=F

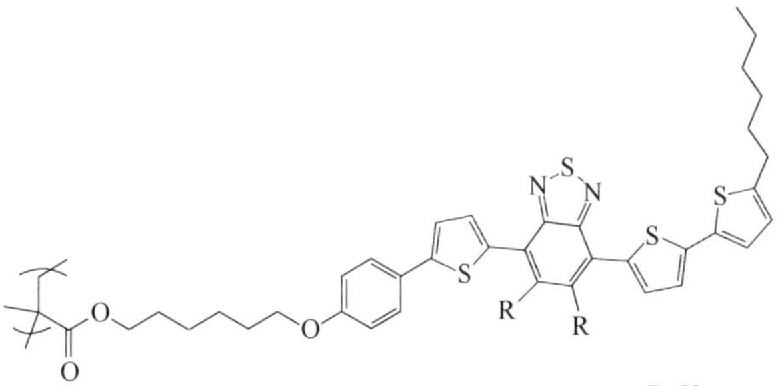

图 5-1　小分子和聚合物的结构

5.1　实 验 部 分

5.1.1　试剂与仪器

实验中如果没有特殊说明，所使用的试剂在国内购买，未经纯化直接使用。引发剂偶氮二异丁腈用乙醇经过重结晶，催化剂 Pd（PPh₃）₄，反应原料 5-己基-2-噻吩硼酸酯，4,7-二（5-溴二噻吩基-2）苯并噻二唑、5,6-二氟-4,7-二（5-溴二噻吩基-2）苯并噻二唑、6-（4-苯氧基硼酸酯）-1-己醇按照文献方法合成[317]，溶剂四氢呋喃与甲苯在氮气气氛下加入金属钠回流干燥，用二苯甲酮作指示剂，溶液显蓝紫色说明除水干净。二氯甲烷和正己烷在氮气气氛下加入氢化钙中回流干燥。三氯甲烷经过蒸馏后使用。每一步反应都在氮气气氛中进行，反应使用 TLC 硅胶板 F₂₅₄ 点板监测。产物使用 200~300 目、水含量小于 0.1% 的硅胶进行柱层析分离。

化合物的核磁氢谱、碳谱由 Bruker AV400 或 AV600 给出，用氘代氯仿或者氘代邻二氯苯作溶剂；MALDI-TOF 由 Bruker Daltonics Reflex Ⅲ 给出。高分辨质谱（HRMS）荧光光谱由 FluoMax-4 荧光仪测得；紫外-可见吸收光谱数据由 Perkin Elmer UV-Vis Spectrometer model Lambda 750 测试；热失重分析（TGA）结果由 TA2100 在氮气保护下升温速度 10℃/min 测得，差示扫描量热分析（DSC）由 Perkin-Elmer Diamond DSC 仪器在氮气保护下升温和降温速度 20℃/min 测得；分子量结果由凝胶渗透色谱仪 PL-220 给出，流动相为四氢呋喃，标准样品为单分散聚苯乙烯。高分辨质谱由 Bruker Apex Ⅳ FTMS 给出。薄膜形貌图用原子力显微镜（AFM）以轻敲模式由 Nanoscope Ⅲ A 给出，薄膜厚度使用 Dektak 6M 表面轮廓仪检测。电化学行为由 CHI630a 型电化学工作站测定，用标准三电极法，在室温氮气气氛保护下，以浓度为 0.1mol/L 的四丁基六氟磷铵溶液为电解液，玻碳电极为工作电极，铂丝电极为对电极，Ag/AgNO₃（0.01mol/L，在 CH₃CN 中）为参比电极，实验使用二茂铁（ferrocene/ferrocenium，Fc）标准氧化还原体系标定，并假定 Fc 的真空能级为−4.8eV。

5.1.2　体异质结太阳能电池器件制作和性质表征

本书相关实验中有机太阳能电池的结构采用 ITO/PEDOT：PSS/活性层/LiF/Al。锡铟金属氧化物（ITO）玻璃使用前一定要保证玻璃片的干净。洗涤过程：用无泡沫洗液洗涤，然后用二次水超声清洗 10min，接着用氨水、过氧化氢、二次水体积比为 6：6：30 的溶液在 100℃加热约 15min，再用二次水冲洗十几次。之后，用旋膜机旋掉玻璃表面的水，再旋涂 PEDOT：PSS（PEDOT：PSS 的型号是 Baytron AI 4083），使用前用 0.45mm 的聚偏氟乙烯（PVDF）过滤；转速为 3000r/min，时间 1min，测得的厚度大约为 40nm。再将玻璃片置于 120℃的热台干燥 15min。给体材料和受体 PC₇₁BM 按比例溶解在邻二氯苯中在 70℃下搅拌过夜，后旋涂在 PEDOT：PSS 上作为活性层，其厚度通过浓度和转速调节。将旋好的器件转移到手套箱中抽真空到 10⁻⁴Pa，蒸镀 LiF 约 0.5nm 和 100nm 的 Al。每个 ITO 玻璃片上有 5 个器件，器件的面积为 0.04cm²。使用 Keithley 2400 仪器在室温下测量电流-电压特性曲线，测试的光强为 100mW/cm² 的 AM 1.5G AAA 级光源（model XES-301S，SAN-EI），光源使用前需要用标准单晶硅太阳能电池标定。

5.1.3　材料的合成及结构表征

材料的合成路线如图 5-2 所示。

5.1.3.1　化合物（1）的合成

将 5-己基-2-噻吩硼酸酯（385.4mg，1.3mmol）、4,7-二（5-溴二噻吩基-2）苯并噻二唑（600.0mg，1.3mmol）、6-(4-苯氧基硼酸酯)-1-己醇（419.3mg，1.3mmol）、NaHCO₃（2.18g，26mmol）加入 100mL 圆底烧瓶中，反复充脱氮气 3 次，后加入溶剂四氢呋喃（50mL）和水（5mL），在烧瓶底部加冰浴，再充脱氮气几次，后小心加入 Pd（PPh₃）₄（147mg，13mmol），仔细充脱氮气几次，搅拌回流，反应 3d，停止反应。冷却后，加入 100mL 的水，然后用二氯甲烷萃取（3×100mL），收集有机相，用无水硫酸镁干燥并过滤，减压旋蒸除去溶剂得粗产物，用二氯甲烷作洗脱剂，进行柱层析分离得到黑红色固体 190mg，产率 22%。¹H NMR（400MHz，CDCl₃）δ（×10⁻⁶）：8.10—8.03（d，2H），7.86（d，2H），7.64—7.62（d，2H），7.31（1H），7.19—7.11（2H），6.95—6.93（2H），

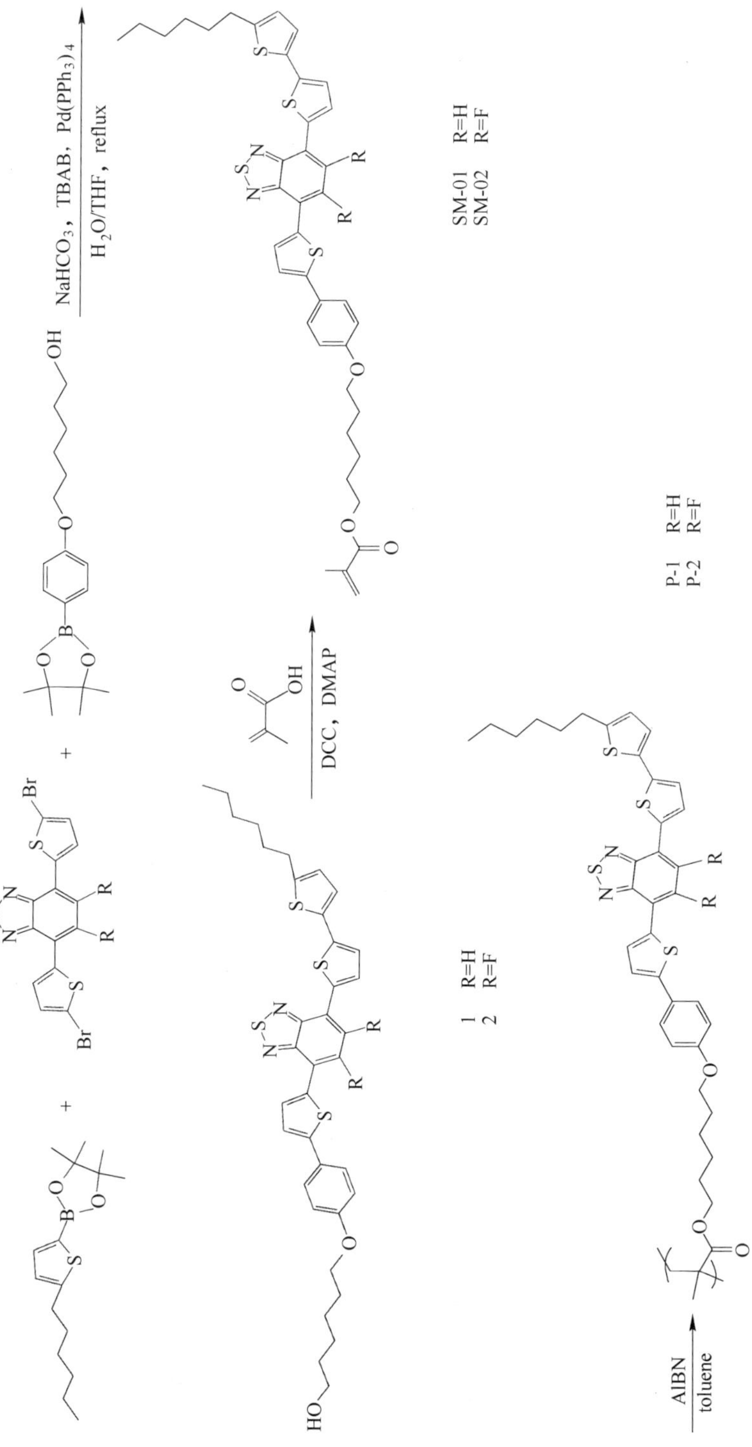

图 5-2 小分子和聚合物的合成路线

6.73（1H），4.37—4.34（t，1H），4.02（2H），3.69（2H），2.82（m，2H），1.83（m，2H），1.71—1.63（m，4H），1.52—1.49（m，4H），1.40—1.33（m，6H），0.91（t，3H）。^{13}C NMR（100MHz，CDCl$_3$）δ（$\times10^{-6}$）：152.88，150.22，138.94，136.43，133.51，130.84，130.30，128.62，128.10，127.79，126.00，124.19，74.08，31.83，30.37，29.46，29.26，26.04，22.67，14.09。MS（Madi-TOF）：计算值为658.1，实测值为（M$^+$）658.1。分析 C$_{36}$H$_{38}$N$_2$O$_2$S$_4$ 的计算值为：C 65.62，H 5.81，N 4.25；实测值为：C 65.42，H 5.76，N 4.20。

5.1.3.2　化合物（2）的合成

将5-己基-2-噻吩硼酸酯（353.2mg，1.2mmol）、5,6-二氟-4,7-二（5-溴二噻吩基-2）苯并噻二唑（600.0mg，1.2mmol）、6-(4-苯氧基硼酸酯)-1-己醇（384.2mg，1.2mmol）、NaHCO$_3$（2.18g，26mmol）加入100mL圆底烧瓶中，反复充脱氮气3次，后加入溶剂四氢呋喃（50mL）和水（5mL），冰浴下再仔细充脱氮气几次，后小心加入 Pd(PPh$_3$)$_4$（135mg，12mmol），仔细充脱氮气，搅拌回流，反应3d，停止反应。冷却后，加入100mL的水，然后用二氯甲烷萃取（3×100mL），收集有机相，用无水硫酸镁干燥并过滤，减压旋蒸除去溶剂得粗产物，用二氯甲烷作洗脱剂，进行柱层析分离，得到黑红色固体173mg，产率21%。^{1}H NMR（400MHz，CDCl$_3$）δ（$\times10^{-6}$）：8.20—8.19（d，1H），8.15—8.14（d，1H），7.62—7.60（d，2H），7.30—7.29（d，1H），7.19（d，1H），7.12—7.11（d，1H），6.92—6.90（d，2H），6.73—6.72（d，1H），4.00—3.97（t，2H），3.70—3.67（t，2H），2.83—2.79（t，2H），1.84—1.81（m，2H），1.72—1.61（m，4H），1.55—1.33（m，12H），0.93—0.89（t，3H）。^{13}C NMR（100MHz，CDCl$_3$）δ（$\times10^{-6}$）：159.2，148.7，147.6，146.5，141.3，141.2，134.2，132.0，131.9，131.7，131.6，129.9，129.8，127.2，126.4，125.0，124.0，123.2，122.4，114.9，67.97，62.90，32.68，31.57，31.53，30.24，29.23，28.78，25.89，25.56，22.58，14.08。MS（Madi-TOF）：计算值为694.1，实测值为（M$^+$）694.1。分析 C$_{36}$H$_{36}$F$_2$N$_2$O$_2$S$_4$ 的计算值为：C 62.22，H 5.22，N 4.03；实测值为：C 62.07，H 5.20，N 4.01。

5.1.3.3　小分子 SM-01 的合成

化合物1（150mg，0.23mmol）与丙烯酸（36.1mg，0.46mmol）溶于30mL干燥的四氢呋喃中，置于100mL的圆底烧瓶中，然后缓慢滴加溶有 N,N′-二环己基碳二亚胺（DCC）（474.5mg，2.3mmol）和4-二甲氨基吡啶（DMAP）（14mg，0.12mmol）的四氢呋喃溶液3mL，在避光条件下搅拌20h，停止反应，减压下抽掉溶剂，直接进行柱层析分离，用二氯甲烷与石油醚体积比为1∶1的溶剂作洗脱剂，得到产物 121mg，产率 72%。^{1}H NMR（400MHz，CDCl$_3$）δ（$\times10^{-6}$）：
8.05—7.99（d，2H），7.79（s，2H），7.61—7.59（d，2H），7.16—7.09（d，
2H），6.93—6.91（d，2H），6.72—6.71（d，1H），6.11（s，1H），5.56（s，
1H），4.19—4.16（t，2H），4.01—3.98（t，2H），2.83（2H），1.96（s，3H），
1.84—1.81（m，2H），1.72—1.61（m，4H），1.55—1.33（m，12H），0.93—
0.89（t，3H）。^{13}C NMR（100MHz，CDCl$_3$）δ（$\times10^{-6}$）：167.5，158.9，152.4，
145.9，145.6，139.2，137.5，137.4，136.5，134.6，128.6，128.1，127.0，
126.8，125.6，125.3，125.2，125.1，125.0，124.9，123.8，123.7，122.9，
114.8，67.89，64.65，31.58，31.56，30.24，29.16，28.79，28.57，25.83，
25.77，22.59，18.36，14.01。MS（Madi-TOF）：计算值为 726.2，实测值为
（M$^+$）726.1。分析 C$_{40}$H$_{42}$N$_2$O$_3$S$_4$ 的计算值为：C 66.08，H 5.82，N 3.85；实测
值为：C 65.43，H 5.98，N 3.52。

5.1.3.4　小分子 SM-02 的合成

将化合物 2（150mg，0.22mmol）与丙烯酸（37.2mg，0.44mmol）溶于 30mL
干燥的四氢呋喃中，置于 100mL 的圆底烧瓶中，然后慢慢滴加溶有 N，N′-二环己
基碳二亚胺（DCC）（453.9mg，2.2mmol）和 4-二甲氨基吡啶（DMAP）（13mg，
0.11mmol）的四氢呋喃溶液 3mL，在避光条件下搅拌 20h，停止反应，减压下抽
掉溶剂，直接进行柱层析分离，用二氯甲烷与石油醚体积比为 1∶1 的溶剂作洗
脱剂，得到产物 132mg，产率 79%。^{1}H NMR（400MHz，CDCl$_3$）δ（$\times10^{-6}$）：
8.19—8.18（d，1H），8.14—8.13（d，1H），7.61—7.59（d，2H），7.29—7.28
（d，1H），7.18—7.17（d，1H），7.12—7.11（d，1H），6.92—6.90（d，2H），
6.11（d，1H），5.57—5.56（d，1H），4.19—4.16（t，2H），4.00—3.97（t，
2H），2.83—279（t，2H），1.96（2H），1.82—1.80（m，2H），1.75—1.74（m，
4H），1.70—1.68（m，4H），1.50—1.33（m，10H），0.93—0.89（t，3H）。^{13}C
NMR（100MHz，CDCl$_3$）δ（$\times10^{-6}$）：167.5，159.2，148.8，148.6，146.4，
141.2，137.8，136.5，134.2，132.1，131.9，131.7，131.6，127.2，126.4，
125.2，125.0，124.0，123.1，122.4，114.8，67.89，64.65，31.58，31.53，
30.24，29.16，28.80，28.58，25.84，25.77，22.59，18.36，14.01。MS
（Madi-TOF）：计算值为 726.1，实测值为（M$^+$）762.1。分析 C$_{40}$H$_{42}$N$_2$O$_3$S$_4$ 的计
算值为：C 62.96，H 5.28，N 3.67；实测值为：C 62.40，H 5.23，N 3.46。

5.1.3.5　聚合物 P-1 的合成

将 SM-01（70.0mg，0.09mmol）溶于 4mL 的甲苯，充分地充脱氮气，然后在
避光条件下小心加入引发剂偶氮二异丁腈（15.8mg，0.09mmol），再次充分地充

脱氮气，在氮气气氛下于 60℃ 搅拌 5d，停止反应，倾倒在 100mL 的甲醇中，搅拌，后过滤，将得到的固体产物溶于 50mL 的邻二氯苯中，再过滤，减压蒸馏除去大部分溶剂，将所剩的溶液滴入 100mL 的丙酮中沉降，过滤得产品，反复沉降 3 次，得到黑红色固体 40mg，产率 57%。^{1}H NMR（400MHz，CDCl$_3$）$\delta(\times 10^{-6})$：8.00—7.85（m，2H），7.76—7.72（m，1H），7.64—7.55（m，3H），7.15—7.08（m，2H），6.88（m，2H），6.70（m，1H），4.18—4.16（m，2H），4.01—3.96（m，2H），2.81（2H），1.80—1.70（m，5H），1.55—1.25（m，16H），0.91（m，3H）。

5.1.3.6 聚合物 P-2 的合成

将 SM-02（70.0mg，0.09mmol）溶于 4mL 的甲苯，充分地充脱氮气，然后在避光条件下小心加入引发剂偶氮二异丁腈（15.1mg，0.09mmol），再次充分地充脱氮气，在氮气气氛下于 60℃ 搅拌 5d，停止反应，倾倒在 100mL 的甲醇中，搅拌，后过滤，将得到的固体产物溶于 50mL 的邻二氯苯中，再过滤，减压蒸馏除去大部分溶剂，将所剩的溶液滴入 100mL 的丙酮中沉降，过滤得到聚合物，反复沉降 3 次，得到黑红色固体 52mg，产率 74%。^{1}H NMR（400MHz，CDCl$_3$）$\delta(\times 10^{-6})$：8.00—7.95（m，2H），7.51—7.40（m，2H），7.12—7.09（m，2H），7.00—6.84（m，2H），6.70—6.65（m，2H），4.07（m，2H），3.88（m，2H），2.81（2H），1.68（m，6H），1.48—1.33（m，12H），0.91（m，3H）。

5.2 实验结果与讨论

5.2.1 材料的合成

材料的合成路线如图 4-2 所示，首先用 Suzuki 偶联反应，通过一锅法合成化合物 1 或者化合物 2，原料 5-己基-2-噻吩硼酸酯、4,7-二（5-溴二噻吩基-2）苯并噻二唑[64,69]、5,6-二氟-4,7-二（5-溴二噻吩基-2）苯并噻二唑[64,69]、6-(4-苯氧基硼酸酯)-1-己醇[317] 等按照文献方法合成。反应需要常用的 Pd（PPh$_3$）$_4$ 作为催化剂，以 THF 和水作溶剂，NaHCO$_3$ 为碱，由于反应是三组分体系，故目标产物的产率不高，化合物 1 的产率为 22%，化合物 2 的产率为 21%。化合物 1 或者化合物 2 与丙烯酸在四氢呋喃溶剂中，在使用高效催化性能的催化剂 4-二甲氨基吡啶（DMAP）条件下发生酯化反应。同时，加入缩合剂 N,N'-二环己基碳二亚胺（DCC），该反应条件温和，在室温下就可以完成，产率在 70% 左右。得到的酯 SM-01 或者 SM-02，进行氢谱、碳谱、Madi-tof 和元素分析表征。这两种化合物有较好的溶解性，可溶解在普通溶剂如 THF、氯仿、氯苯、邻二氯苯等中。最后，在引发剂偶氮二异丁腈存在下[318]，对两个小分子分别进行聚合反应。反应在甲苯溶剂中进行，保证完全在氮气氛围下，于 60℃下搅拌 3d，发现有沉淀析出，停止反应，在丙酮中沉降多次，即可得到聚合物 P-1 或 P-2，分子量由凝胶渗透色谱仪 PL-220 给出，流动相为氯仿，标准样品为单分散聚苯乙烯，数据见表 5-1。由于有较高的分子量，聚合物的溶解性要比小分子的略差一些，但可以溶于氯苯和邻二氯苯中。

表 5-1 聚合物 P-1 和 P-2 的数均分子量 M_n、重均分子量 M_w、分散系数 PDI

聚合物	$M_n/\mathrm{kg \cdot mol^{-1}}$	$M_w/\mathrm{kg \cdot mol^{-1}}$	PDI
P-1	19.8	52.3	2.64
P-2	30.7	54.9	2.08

5.2.2 材料光谱性能的研究

图 5-3 给出了这些材料在氯仿溶液和薄膜中的紫外-可见吸收光谱。图 5-3（a）中显示了小分子 SM-01 的紫外-可见吸收光谱，在氯仿溶液中 300～407nm、407～600nm 有两组强吸收峰，360nm 和 514nm 处为该化合物的最大吸收峰位。360nm 归结为分子共轭骨架的 π-π* 电子跃迁吸收峰，514nm 与分子内部电荷转移及杂原子的跃迁有关。在薄膜中的吸收峰都发生了蓝移，其最大吸收峰分别蓝移到 341nm 和 482nm。谱图中显示出薄膜中的长波吸收明显变宽，从 413～700nm 拓展了近 100nm，且在长波 550nm 处出现一肩峰，说明在薄膜中产生了较强的分子间相互作用。从薄膜谱图中起始峰位 631nm，可以计算出其光学带隙为 1.96eV。图 5-3（b）为聚合物 P-1 在溶液和薄膜中的紫外-可见吸收光谱，其溶液中的吸收峰和小分子 SM-01 完全重叠，最大吸收峰位也几乎相同。值得注意的是聚合物薄膜中出现的长波吸收变得更宽，几乎涵盖了 425～800nm 区域，而且比小分子 SM-01 的吸收要更强。这归因于聚合物良好的成膜性，使得分子间发生了更强的相互作用。起始峰位在 666nm，比小分子薄膜中发生了约 32nm 的红移，光学带隙为 1.86eV，减小了带隙 0.10eV，增强了对太阳光的吸收能力，这对于提高太阳能电池效率是有利的。

图 5-3（c）是小分子 SM-02 的紫外-可见吸收光谱。在氯仿溶液中 300～406nm、406～600nm 有两组强的吸收峰，最大吸收峰位在 357nm 和 498nm 处，357nm 处归结为共轭分子骨架的 π-π* 电子跃迁峰，分子内部发生的电荷转移及杂原子跃迁吸收峰在 498nm。与不含氟原子的小分子 SM-01 对比，吸收峰蓝移，引入的 F 原子具有强吸电子能力，影响了共轭主链上 π-π* 电子的流动性。薄膜

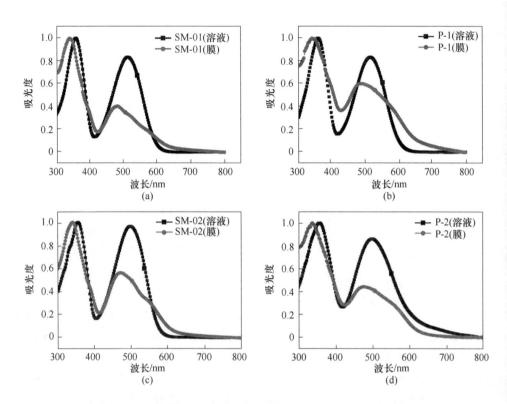

图 5-3 SM-01（a）、P-1（b）、SM-02（c）和 P-2（d）
分别在氯仿溶液和薄膜中紫外-可见吸收光谱

中的吸收峰发生了蓝移，最大吸收波长分别蓝移到 341nm 和 471nm。长波吸收明显变宽，在 551nm 处出现明显的肩峰。图 5-3（d）中显示了聚合物 P-2 的紫外-可见吸收光谱，在溶液中的吸收和对应的小分子 SM-02 峰位完全重叠，聚合物 P-2 在薄膜中的吸收也类似于小分子，吸收变宽，肩峰显而易见，在起始峰位发生了 20nm 的红移，光学带隙也有所减少，从小分子的 2.0eV 减小到 1.94eV。

从光谱结果分析，聚合物和小分子在溶液中的光谱几乎是重叠的；而在薄膜中，聚合物吸收会变宽，带隙有一定程度的减小。对光伏材料来说接入不影响共轭的聚合物主链会增加成膜性，提高可加工性。

5.2.3 材料的热学性质研究

通过热失重分析（TGA），在 50mL/min 氮气流保护下以 10℃/min 的速度升温，研究材料的热稳定性，如图 5-4 所示，在失重 5% 质量时热分解温度都大于 350℃（见表 5-2），表明这些材料有很好的热稳定性。

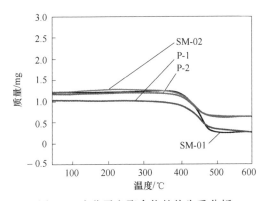

图 5-4 彩图

图 5-4　小分子和聚合物的热失重分析

（在 50mL/min 氮气流下，10℃/min 的升温速度）

表 5-2　SM-01、P-1、SM-02 和 P-2 的光伏性能参数和热分解温度

样品	λ_{max}（溶液）/nm	λ_{max}（膜）/nm	起始 λ/nm	$E_{g,opt}$	T_d/℃
SM-01	360，514	341，482	631	1.96	400
P-1	360，514	342，485	666	1.86	352
SM-02	357，498	341，471	617	2.00	398
P-2	357，498	338，474	639	1.94	397

通过差示扫描量热分析（DSC），在氮气 50mL/min 保护下以 20℃/min 的速度升温降温，如图 5-5（a）所示。小分子 SM-01 升温过程中在 154℃有明显的熔融峰，降温过程在 142℃有明显的结晶峰；聚合物 P-1 在 151℃的位置有熔融峰，在 133℃有结晶峰。图 5-5（b）中，小分子 SM-02 升温过程中在 131℃有明显的熔融峰，但宽而不尖，降温过程在 110℃有明显的结晶峰；聚合物 P-2 没有出现明显的熔融结晶峰，可能是因为 F 的引入影响了共轭分子内部的电子云流动，使分子间的相互作用有所减弱。

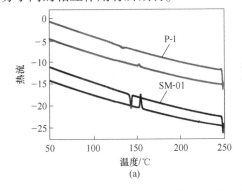
(a)

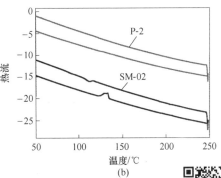
(b)

图 5-5　差示扫描量热分析

（a）SM-01 和 P-1；（b）SM-02 和 P-2

图 5-5 彩图

5.2.4　材料的电化学性质研究

使用循环伏安法测试材料的电化学性质。正如前两章的测试条件，扫描速率为 100mV/s，使用四丁基六氟磷铵（TBAPF$_6$）的乙腈电解液（0.10mol/L）。铂丝为对电极，Ag/AgNO$_3$（0.01mol/L，在 CH$_3$CN 中）为参比电极，用氯仿溶液滴膜的玻碳电极为工作电极。测试结果如图 5-6 所示，并将各材料测试的氧化还原起始电位列于表 5-3 中，以 4.8eV 为二茂铁氧化还原体系的真空能级，计算材料的 HOMO 能级。

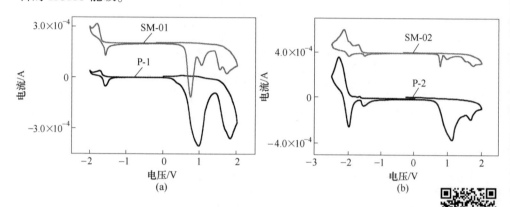

图 5-6　SM-01 和 P-1（a），SM-02 和 P-2（b）在薄膜中的循环伏安曲线
（扫描速率为 100mV/s）

图 5-6 彩图

表 5-3　SM-01、P-1、SM-02 和 P-2 的电化学参数

样品	起始 E_{ox} /V	起始 E_{re} /V	$E_{g,cv}$ /eV	$E_{g,opt}$ /eV	HOMO /eV	LUMO$_{cv}$ /eV	LUMO$_{opt}$ /eV
SM-01	0.56	−1.67	2.23	1.99	−5.27	−3.04	−3.28
P-1	0.53	−1.61	2.14	1.84	−5.24	−3.10	−3.40
SM-02	0.69	−1.61	2.30	2.00	−5.40	−3.10	−3.40
P-2	0.63	−1.60	2.23	1.94	−5.34	−3.11	−3.40

从图 5-6 可以看出，SM-01、P-1、SM-02 和 P-2 氧化峰的起始电位分别为 0.56V、0.53V、0.69V 和 0.63V，通过公式[179] $E_{HOMO/LUMO} = -(E_{onset(vs\ Ag/Ag^+)} - E_{onset(Fc/Fc^+vs\ Ag/Ag^+)}) - 4.8eV$，在同样测试条件下 $E_{onset(Fc/Fc^+vs\ Ag/Ag^+)} = -0.09eV$，计算得到 SM-01、P-1、SM-02 和 P-2 的 HOMO 能级分别为 −5.27eV、−5.24eV、−5.40eV 和 −5.34eV，电化学 LUMO 能级分别为 −3.04eV、−3.10eV、−3.10eV、−3.11eV，带隙分别为 2.23eV、2.14eV、2.30eV、2.23eV。几个化合物的光学

带隙分别为 1.99eV、1.84eV、2.00eV、1.94eV，比电化学带隙略小，这可能是
电化学测试时电极极化造成的。体异质结太阳能电池器件的开路电压与给体材料
的 HOMO 和受体材料的 LUMO 能级差呈线性相关。如上材料有较低的 HOMO，
且材料的 LUMO 与 PC$_{71}$BM 的 LUMO（－3.75eV）能级差大于 0.3eV，有足够的
驱动力使激子分散到界面并发生分离。含氟材料 SM-02 和 P-2 的 HOMO 能级低于
不含氟材料 SM-01 和 P-1，这与文献报道的含氟材料的性质相符[60]。电化学性
能测试结果显示，SM-01、P-1、SM-02 和 P-2 作体异质结太阳能电池的给体材料
具有合适的能级。

5.2.5 材料光伏性能的研究

通过制备有机体异质结光伏器件，考察材料的光伏性能，其结构为 ITO/
PEDOT：PSS/活性层/LiF/Al 的器件结构，活性层分别将 SM-01、P-1、SM-02 和
P-2 与 PC$_{71}$BM 共混溶于邻二氯苯中，在不同的配比下进行优化，光伏数据列于
表 5-4。太阳能电池器件的 J-V 特性曲线在 AM 1.5 G 入射光强为 0.1W/cm^2 时测
得，如图 5-7 所示。

表 5-4　小分子和聚合物的光伏性能参数

活性层	溶剂	质量比	V_{oc}/V	J_{sc}/mA·cm^{-2}	FF	PCE/%	退火
SM-01：PC$_{71}$BM	DCB	1：1	0.69	0.29	0.13	0.02	否
SM-01：PC$_{71}$BM	DCB	1：2	0.71	2.35	0.25	0.42	否
SM-01：PC$_{71}$BM	DCB	1：3	0.71	2.92	0.26	0.55	否
SM-01：PC$_{71}$BM	DCB（添加 0.25% DIO）	1：3	0.71	0.9	0.26	0.16	否
SM-01：PC$_{71}$BM	DCB	1：3	0.72	3.14	0.30	0.68	是
P-1：PC$_{71}$BM	DCB	1：1	0.71	2.01	0.33	0.47	否
P-1：PC$_{71}$BM	DCB	1：2	0.74	2.35	0.35	0.62	否
P-1：PC$_{71}$BM	DCB	1：3	0.74	2.85	0.34	0.73	否
P-1：PC$_{71}$BM	DCB（添加 0.25% DIO）	1：3	0.72	1.01	0.30	0.27	否
P-1：PC$_{71}$BM	DCB	1：3	0.77	3.29	0.34	0.87	是
SM-02：PC$_{71}$BM	DCB	1：3	0.82	3.07	0.29	0.73	否
SM-02：PC$_{71}$BM	DCB	1：3	0.87	3.29	0.32	0.92	是
P-2：PC$_{71}$BM	DCB	1：3	0.78	1.92	0.38	0.57	否
P-2：PC$_{71}$BM	DCB	1：3	0.79	2.08	0.39	0.64	是
P-2：PC$_{71}$BM	DCB（添加 10%CN）	1：3	0.73	2.79	0.34	0.71	是

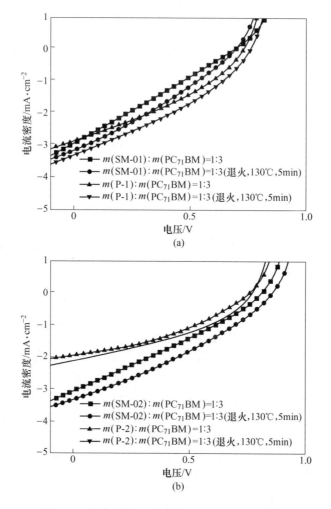

图 5-7　小分子和聚合物太阳能电池的 *J-V* 曲线

（a）$m(\mathrm{SM\text{-}01}):m(\mathrm{PCBM})=1:3$ 和 $m(\mathrm{P\text{-}1}):m(\mathrm{PCBM})=1:3$（退火前后）；

（b）$m(\mathrm{SM\text{-}02}):m(\mathrm{PCBM})=1:3$ 和 $m(\mathrm{P\text{-}2}):m(\mathrm{PCBM})=1:3$（退火前后）

　　从实验数据分析发现，活性层的配比对器件的性能有很大影响。笔者考察了器件在不同配比情况下的光伏性能。SM-01 在质量比 1∶3 时，光电转化效率达到最高 0.55%，其开路电压 V_{oc} 为 0.71V，短路电流密度 J_{sc} 为 2.92mA/cm²，填充因子 *FF* 为 0.26；加入添加剂 DIO，电流大幅度下降，致使光电转化效率也降低。可能是 DIO 对形貌的影响使得相分离尺度不适合载流子的分离和传输。而在 130℃退火 2min，电流密度由原来的 2.92mA/cm² 增加到 3.14mA/cm²，填充因子也增加到 0.30，最终可使 *PCE* 提高到 0.68%，提高了 23%。退火也使形貌发生了改变，详细讨论如下：对应的聚合物 P-1，笔者也考察了其在不同配比下的性能情况，发现配比的影响还是比较明显的。不管在哪种配比下，P-1 的光伏性能都明显优于对应的小分子 SM-01。P-1 在质量比 1：3 时显示了最好的光电转化效率 0.73%，其开路电压 V_{oc} 为 0.74V，短路电流密度 J_{sc} 为 2.85mA/cm^2，填充因子 FF 为 0.34；130℃退火 2min，光电转化效率增加到 0.87%，退火后电流密度有明显提高，从 2.85mA/cm^2 增加到 3.29mA/cm^2。对应的 J-V 曲线如图 5-7（a）所示，加入添加剂 DIO，电流同样大幅度下降。DIO 的添加对 SM-01 和 P-1 来说，会降低其光电转化效率。

分析表 5-4 实验数据，可知 SM-02 和 P-2 的光伏性能。SM-02 在质量比 1：3 时，光电转化效率达到最高 0.73%，其开路电压 V_{oc} 为 0.82V，短路电流密度 J_{sc} 为 3.07mA/cm^2，填充因子 FF 为 0.30；在 130℃退火 2min，光电转化效率提高到 0.92%，其开路电压 V_{oc} 为 0.87V，短路电流密度 J_{sc} 为 3.29mA/cm^2，填充因子 FF 为 0.32；含氟的小分子 SM-2 具有比不含氟的小分子 SM-1 高的开路电压。这正如文献中所报道的，含氟会使 HOMO 能级降低，使开路电压升高，而可提高 0.1V 的开路电压，这对于太阳能电池来说是相当有利的。遗憾的是聚合物 P-2，获得了比对应的小分子 SM-02 低的光电转化效率。可能的原因是聚合物 P-2 高的分子量，导致其溶解性较差，在器件的制备过程中加入了 10% 的 1-氯萘，增加聚合物的溶解性，发现效率有明显的提高，增加到 0.71%。聚合物 P-2 的光伏性能还有待继续摸索。

外量子效率可以更直观地考察光生电流的效率，利用单色光进行外量子效率的测试，如图 5-8 所示。图 5-8（a）对应 J-V 曲线图 5-7（a），m(SM-01)：m(PCBM)＝1：3 共混时在 340~560nm 有明显的光电响应，退火后，光电响应明显增加，在长波长 483nm 处 EQE 达到 32%；m(P-1)：m(PCBM)＝1：3 共混器件在 330~600nm 有明显的光电响应。在 130℃退火后，光电响应明显增加，在 495nm 处 EQE 达到最大 28%，通过积分面积计算（或比较）所得电流与器件测试结果一致。

图 5-8（b）对应 J-V 曲线图 5-7（b），m(SM-02)：m(PC$_{71}$BM)＝1：3 共混时在 340~600nm 有明显的光电响应。在退火后，光电响应明显增加，波长 517nm 处 EQE 最大达到 36%；m(P-2)：m(PC$_{71}$BM)＝1：3 共混器件在 340~600nm 有明显的光电响应，在 130℃退火 2min 后，光电响应明显增加，在 514nm 处 EQE 达到最大 17%，通过外量子效率积分面积计算所得电流与器件测试结果一致。

5.2.6 器件形貌的研究

器件的形貌变化和器件的光电转化效率有直接关系[244-245,281]。通过轻敲模式的原子力显微镜图，研究了聚合前后小分子和聚合物分别和 PC$_{71}$BM 共混制备的器件形貌。图 5-9（a）和图 5-9（b）显示了小分子 SM-01 和 PC$_{71}$BM 按质量

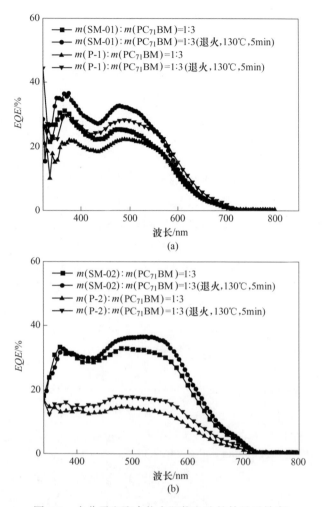

图 5-8　小分子和聚合物太阳能电池的外量子效率

（a）m(SM-01)：m(PCBM)=1：3 和 m(P-1)：m(PCBM)=1：3（退火前后）；
（b）m(SM-02)：m(PCBM)=1：3 和 m(P-2)：m(PCBM)=1：3（退火前后）

比 1：3 共混溶于邻二氯苯制备器件在退火前后的形貌变化，从图中可以发现，退火前表面是较光滑的，粗糙度为 0.687nm；退火后发生了明显的相分离，粗糙度为 1.18nm，而一定的相分离有利于激子和载流子的传输，有利于光电流的增加。SM-01 和 PCBM 的共混膜退火处理使得光电流有所增加。SM-02 与 PCBM 的共混膜从图 5-9（c）到图 5-9（d），在退火前后粗糙度从 0.559nm 增加到 1.02nm；P-1 与 PC$_{71}$BM 的共混膜从图 5-9（e）到图 5-9（f），在退火前后粗糙度从 1.02nm 增加到 1.12nm；P-2 与 PC$_{71}$BM 的共混膜从图 5-9（g）到图 5-9（h），在退火前后粗糙度从 0.903nm 增加到 3.65nm。退火处理有利于光电流的提

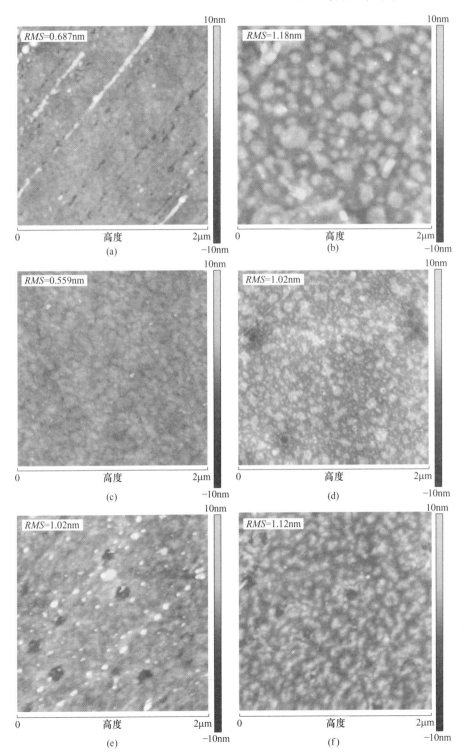

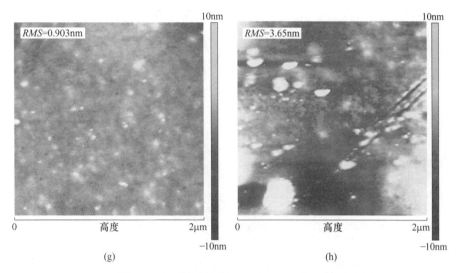

图 5-9   原子力高度图 （AFM）（2μm×2μm）

（a）（b） m(SM-01)：m(PCBM)=1：3（退火前后）；（c）（d） m(SM-02)：m(PCBM)=1：3（退火前后）；
（e）（f） m(P-1)：m(PCBM)=1：3（退火前后）；（g）（h） m(P-2)：m(PCBM)=1：3（退火前后）

高，合适的相分离可以最大化光电流的产生，退火的时间和温度以及退火的方式都需要进一步的实验摸索，以达到最佳的相分离尺度，进一步提高光电流，最终达到光电转化效率的最大化。

5.3   本 章 小 结

设计并合成了两种连有甲基丙烯酸酯的有光伏性能的小分子 SM-01 和 SM-02，通过自由基引发聚合反应，合成了相对应的连有光伏性能侧链的聚甲基丙烯酸酯聚合物 P-1 和 P-2。该类聚合物的合成方法使用非金属催化剂，操作简单，有效地简化了处理过程。经过对产物进行光谱、电化学、热学性质及光伏性能的考察，发现聚合物有类似于小分子的光谱属性和较好的成膜性。P-1 相比 SM-01 得到了较高的能量转换效率。遗憾的是，由于 P-2 的分子量大、溶解性差，使得其光电转化效率比 SM-02 略微低一点。含氟小分子 SM-02 与不含氟的小分子 SM-01 相比，可以获得较高的开路电压和高的能量转换效率。聚合物具备了较好的成膜性，在器件制备过程中尤为明显。通过引入不影响共轭结构的主链，解决了小分子成膜难的问题，有望开发这类分子为第三类的光伏材料，为新材料的制备提供了一种新方法。

6 活性层界面改性对钙钛矿
太阳能电池效率的调控

自 2012 年以来，基于甲基铵卤化铅（MAPbX$_3$，其中 MA 为甲基铵 CH$_3$NH$_3$，X 为卤素）钙钛矿材料的光伏器件引起了极大的关注和深入研究[319-327]。一方面，这些有机-无机杂化化合物具有光吸收剂的作用，因为它们的带隙小、摩尔吸光系数高，使太阳能电池在可见光到近红外的宽广区域内具有很强的光吸收能力；另一方面，由于优异的结晶度和较长的电子-空穴扩散长度，它们可以作为载流子传输器[161,328-330]。结合精确的界面工程，更重要的是优化了钙钛矿薄膜的形态，这些显著的优势使平面结构太阳能电池的 *PCE* 高达 22.7%[331]。作为吸收光子和产生电荷的活性层，CH$_3$NH$_3$PbI$_3$ 薄膜的质量是光伏性能的决定因素[179,332-335]。因此，开发制造高质量钙钛矿薄膜的有效方法已经引起研究者的普遍关注。其中，旋涂是溶液处理钙钛矿太阳能电池中最常用的方法，因为具有简单性和灵活性[336-337]，通常用于无机和有机前体的一步或两步连续沉积过程[338-339]。制造的钙钛矿薄膜的质量在很大程度上取决于实验条件，因此，各种方法和技术包括温度退火[334,340-341]、溶剂退火[342]和添加各种添加剂[335,343-345]已见报道。此外，界面工程也被证明对形态学操作是有效的[346-347]。通过这种方式，可以填充钙钛矿薄膜表面的空隙，也可以在空穴/电子传输层（HTLs/HELs）上生长大晶粒。例如，Huang 等发现不同纵横比的钙钛矿晶粒沉积在长距离的非润湿 HTL 上，导致晶界面积减少和电荷复合[348]。因此，钙钛矿层的结构对相邻界面的性质高度敏感，例如聚（3,4-乙烯二氧噻吩）：聚（苯乙烯磺酸盐）（PEDOT：PSS），广泛用作平面钙钛矿中的缓冲层太阳能电池。尽管这些有效策略在 *PCE* 方面取得了重大成就，但形成连续、均匀的钙钛矿薄膜仍然是一项关键挑战。

本章展示了一种通过二甲亚砜（DMSO）和预制钙钛矿溶液的联合作用来优化钙钛矿薄膜形态的策略。以前的研究已经阐明了在 PEDOT：PSS 上沉积极性溶剂如二甲基甲酰胺（DMF）、DMSO 再沉积钙钛矿材料[349]，但是钙钛矿形态的改善并不显著，它们主要导致 PEDOT：PSS 的电导率提高。在本章的研究工作中，通过钙钛矿溶液沉积和随后的 DMSO 冲洗预处理的 PEDOT：PSS 层上形成了光滑且连续的钙钛矿层。该薄膜由大晶粒组成，边界面积小，结晶度提高，有利于减少电荷复合。短路电流（J_{sc}）从 11.2mA/cm^2 到 21.9mA/cm^2 的显著增加主要是由于空穴迁移率提高了两个数量级，最终使 *PCE* 增大到 11.36%。

6.1 实 验 部 分

6.1.1 试剂与仪器

PbCl$_2$（99.999%）、CH$_3$NH$_3$I 和 NH$_4$Cl 购自 Sigma Aldrich。PEDOT：PSS（Clevios PVP AI 4083）购自 H. C. Starck GmbH，使用前用 0.45μm 的 PVDF 薄膜过滤。N,N-二甲基甲酰胺（DMF，99.8%）、氯苯（CB，99.8%）和二甲亚砜（DMSO，99.8%）购自 Acros。

紫外-可见吸收光谱由 PerkinElmer 紫外可见分光光度计 Lambda 750 型测定。X 射线光电子能谱（XPS）是在具有单色 Al Kα（1486.6eV）的 Kratos AXIS UTRADLD XPS 系统(Manchester，UK) 上获得的。使用 JEOL 7000F 场发射 SEM 系统获取 SEM 图像。AFM 测量是使用在轻敲模式下运行的 Digital Instrument Multimode Nanoscope ⅢA 获得的。通过 Dektak 表面轮廓仪收集 PEDOT：PSS 薄膜和钙钛矿层的厚度。通过使用 OCA20 仪器（DataPhysics，Germany）从同一样品的三个不同位置获得平均接触角度。

6.1.2 太阳能电池器件制作及表征

首先，用去污剂、去离子水、丙酮、异丙醇、去离子水逐步对氧化铟锡（ITO）基板进行超声处理 25min。ITO 基板用铵水、H$_2$O$_2$ 和去离子水（体积比为 1:1:5）在 160℃下处理 30min，然后用去离子水清洗。38nm 厚的 PEDOT：PSS 层通过旋涂方法以 3500r/min 的速度在清洁的 ITO 玻璃上沉积 30s，然后在 150℃的空气中干燥 15min。钙钛矿前体由 CH$_3$NH$_3$I 和 PbI$_2$（摩尔比 1:1）在 DMF（400mg/mL）中在 60℃下使用 NH$_4$Cl（31.6mg/mL）作为添加剂，反应 6h。将钙钛矿前体溶液在 N$_2$ 手套箱中以 3000r/min 的速度 60s 旋涂在 ITO/PEDOT：PSS 玻璃上，然后用 DMSO 冲洗钙钛矿薄膜。之后，将钙钛矿层以 3000r/min 的速度沉积到处理过的 PEDOT：PSS 薄膜上，持续 180s，并在 50℃下加热 5min。将 PC$_{71}$BM（在 20mg/mL 氯苯中）旋涂在钙钛矿层的顶部，顶部 Ag 电极在 10^{-4}Pa 下沉积 100nm。在氮气条件下有效面积为 0.04cm^2。*J-V* 特性测试采用 Agilent B2902A 光源计（型号 XES-301S，SAN-EI），通过模拟 100mW/cm AM 1.5G 照明，并使用标准单晶硅光伏电池校准强度。

6.1.3 场效应器件的制作和表征

场效应器件（SCLC）的结构为 ITO/PEDOT：PSS/PVSK/PC71BM/Au。通过

旋涂法以 3500r/min 的速度将 PEDOT：PSS 薄膜沉积在清洁的 ITO 基板上 30s，并在 150℃的热板上退火 15min。PEDOT：PSS 层厚度由 Dektak 表面轮廓仪测定为约 38nm。钙钛矿层以 3000r/min 的速度沉积在处理过的 PEDOT：PSS 薄膜上 180s，并在 50℃下加热 5min。然后在 N_2 手套箱内以 3000r/min 的速度在钙钛矿层顶部旋转沉积一层 $PC_{71}BM$（20mg/mL 氯苯中，60~70nm），持续 60s。在高真空（$10^{-4}Pa$）下蒸镀 100nm 的 Au 电极。

6.2 结果与讨论

平面异质结钙钛矿器件由 ITO/PEDOT：PSS（38nm）/钙钛矿层（约 230nm）/$PC_{71}BM$/Ag(100nm) 的典型倒置配置制造。具体而言，$CH_3NH_3PbI_3$ 钙钛矿薄膜是通过旋涂法形成的，将钙钛矿前驱体溶液置于涂有 PEDOT：PSS 的 ITO 基板顶部，并在 100℃下干燥 3min。其他处理过的 PEDOT：PSS 薄膜组成的器件均采用相同的方法，即 PEDOT：PSS 层经过预钙钛矿沉积，随后用 DMSO（完全处理）冲洗或在制备钙钛矿层前用 DMSO 冲洗。所有器件均在优化条件下制备，并研究它们的光伏特性。

图 6-1（a）是用未处理和处理过的 PEDOT：PSS 薄膜制备的器件的典型电流密度-电压（$J\text{-}V$）曲线。器件的光伏性能包括开路电压（V_{oc}）、短路电流密度（J_{sc}）、填充因子（FF）和最终 PCE，列于表 6-1 中。如表 6-1 所示，对于原器件，只能够获得较低的 PCE（6.51%）。实验观察到 PEDOT：PSS 层用 DMSO 液滴处理后，器件的 PCE 略有增加，这主要归因于 J_{sc} 从 $11.2×10^{-3}A/cm^2$ 提高到 $13.92mA/cm^2$。对于完全处理过的器件，PCE 大幅提升至 11.36%，J_{sc} 为 $21.9mA/cm^2$，V_{oc} 为 0.950V，FF 为 0.539。值得注意的是，整体 PCE 几乎成倍增加（增强 74.5%），主要归因于几乎翻倍的 J_{sc}、略高的 V_{oc} 和下降的 FF。据报道[350]，V_{oc} 与退火温度（100℃、80℃和 50℃）密切相关，对应于原始的 V_{oc}（0.840V）、DMSO 处理后的 V_{oc}（0.890V）和完全处理后的 V_{oc}（0.960V）逐渐增加。因此，可以合理解释器件最终呈现更高的 V_{oc}。对于 FF，可以观察到其从 0.70 降低至 0.539。作为影响钙钛矿器件 PCE 特性最有效的光伏参数，J_{sc} 主要由吸收特性、激子离解、电荷载流子传输和收集效率等决定。大部分物理过程都与活性层的质量密切相关，包括形貌和表面覆盖率。本书相关实验中，通过全处理的器件实现了 J_{sc} 从 $11.2mA/cm^2$ 增加到 $21.9mA/cm^2$。为了验证从 $J\text{-}V$ 曲线获得的 J_{sc}，进行了外量子效率（EQE）测量。从图 6-1（b）可以看出，原器件和完全处理的器件都表现出从 350~800nm 的宽谱响应，并且在预钙钛矿沉积和 DMSO 冲洗处理后，EQE 响应要高得多。此外，从 EQE 曲线计算的 J_{sc} 与从 $J\text{-}V$ 测量获得的 J_{sc} 非常吻合。

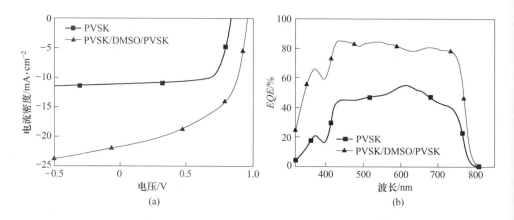

图 6-1　原始 PEDOT∶PSS 薄膜（PVSK）和用 DMSO 冲洗的钙钛矿层处理的 PEDOT∶PSS
薄膜（PVSK/DMSO/PVSK）上 PSC 的 *J-V* 特性（a）和 *EQE* 曲线（b）

表 6-1　原始 **PEDOT∶PSS 薄膜**（PVSK）、用 **DMSO**（DMSO/PVSK）处理的 **PEDOT∶PSS**
薄膜和钙钛矿层用 **DMSO** 冲洗掉的（PVSK/DMSO/PVSK）薄膜的性能数据

条件	退火温度/℃	时间/min	V_{oc}/V	J_{sc}/mA·cm^{-2}	FF	PCE/%
PVSK	100	3	0.84	11.2	0.692	6.51[1]（6.37[2]）
PVSK	80	3	0.88	11.2	0.620	6.29[1]（6.08[2]）
PVSK	50	5	0.97	9.70	0.650	6.14[1]（5.70[2]）
DMSO/PVSK	80	3	0.89	13.9	0.700	8.28[1]（7.84[2]）
PVSK/DMSO/PVSK	50	3	0.952	20.7	0.520	10.25[1]（10.04[2]）
PVSK/DMSO/PVSK	50	5	0.960	21.9	0.539	11.36[1]（10.95[2]）
PVSK/DMSO/PVSK	50	10	0.950	21.6	0.519	10.68[1]（10.40[2]）

①20 个器件中的最高值；②20 个器件的平均值。

　　考虑到 J_{sc} 与活性层的质量密切相关，采用 SEM 和 AFM 研究钙钛矿薄膜的形貌。从 SEM 图像即图 6-2（a）和图 6-2（b）可以看出，两种钙钛矿薄膜都表现出独特的结晶特征，并完全"覆盖"了底部 PEDOT∶PSS 底层。一般来说，这些薄膜由大量尺度在数百纳米量级的晶畴组成，同时这些晶畴之间也存在典型的裂纹。然而，在原始 PEDOT∶PSS 和经过处理的 PEDOT∶PSS 底层上获得的 CH₃NH₃PbI₃ 薄膜的差异非常明显。在原始薄膜中，不同晶粒大小的晶体随机分布，产生较大的边界区域。如此广泛的尺寸分布导致粗糙的表面形成，如图 6-3 中的 AFM 图像所示。它表现出 5.41nm 的均方根粗糙度（*RMS*），这与在处理过的 PEDOT∶PSS 底层上生长的薄膜的 2.64nm 的 *RMS* 形成鲜明对比。

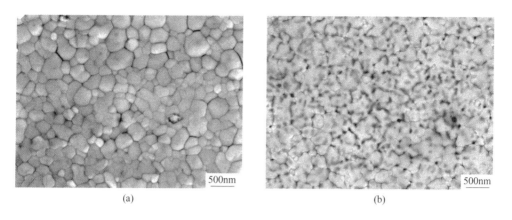

图 6-2 钙钛矿薄膜的 SEM 图像

（a）沉积在原始 PEDOT∶PSS 薄膜上；（b）钙钛矿层先用 DMSO 冲洗掉，

再在 PEDOT∶PSS 薄膜上沉积的钙钛矿薄膜

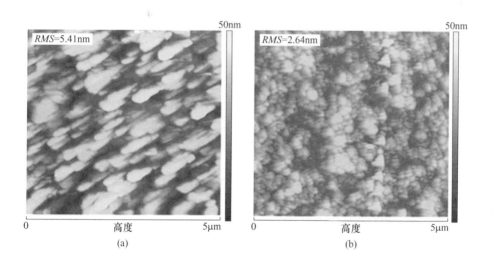

图 6-3 钙钛矿薄膜的 AFM 图像

（a）沉积在原始 PEDOT∶PSS 薄膜上；（b）钙钛矿层先用 DMSO 冲洗掉，

再在 PEDOT∶PSS 薄膜上沉积的钙钛矿薄膜

　　实验表明，在处理过的 PEDOT∶PSS 底层上获得的 $CH_3NH_3PbI_3$ 薄膜，大的晶粒尺寸和良好的均匀性都可以改善晶体性能，致使晶界面积减小。大晶粒尺寸一般具有较少的晶界，这对光伏参数 FF 和 J_{sc} 具有重大影响，可以显著减少电荷复合[340,348]。本书相关实验通过预钙钛矿沉积和 DMSO 冲洗处理的 PEDOT∶PSS 层形成了连续且光滑的 $CH_3NH_3PbI_3$ 薄膜，这些处理的效果和机制可以用 PSSH 链的去除和 PEDOT 链的构象变化来解释[349]。笔者的研究工作也证明了这一观点，通过 X 射线光电子能谱（XPS）检测到了 PSS 量的减少，如图 6-4 所示。由于 PSS（或 PSSH）是亲水性的，因此完全处理后的 PEDOT：PSS 层的接触角从 12.1°增加到了 45.5°（见图 6-5）。接触角代表 PEDOT：PSS 层对水的润湿能力，或者 DMSO 可以用 N,N-二甲基甲酰胺（DMF）代替，因为它在这两种溶剂中的溶解度相似。润湿能力的降低有利于钙钛矿薄膜生长为具有大晶粒和较少边界的钙钛矿薄膜[348]。这与 SEM 结果和图 6-6（a）中的 X 射线衍射（XRD）结果非常一致，衍射峰强度的增加说明钙钛矿结晶度增强。

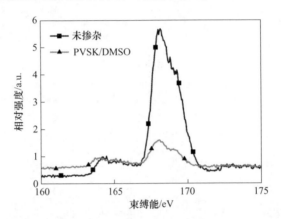

图 6-4 钙钛矿薄膜的 XPS 谱图

（a）沉积在原始 PEDOT：PSS 薄膜上；（b）钙钛矿层先用 DMSO 冲洗掉，

再在 PEDOT：PSS 薄膜上沉积的钙钛矿薄膜

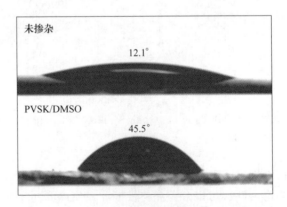

图 6-5 去离子水滴在不同基材上的接触角

（原始 PEDOT：PSS 薄膜为 12.1°；用 DMSO 冲洗掉钙钛矿层处理过的

PEDOT：PSS 薄膜（PVSK/DMSO）为 45.5°）

为了更好地理解和评估增强型 J_{sc}，还进行了紫外-可见吸收光谱测量。在图

6-6（b）中，在整个吸收区域观察到沉积在处理过的 PEDDOT：PSS 底层上的活性钙钛矿层的光吸收强度增加。这主要是由于经过预钙钛矿沉积和 DMSO 冲洗处理后，PEDDOT：PSS 层上的晶体生长得到了改善。此外，可以从电荷传输的角度阐明这些处理的效果。因此，笔者通过场效应器件测试方法测量了钙钛矿器件的空穴迁移率，空穴器件的结构为 ITO/PEDOT：PSS/PVSK/PCBM/Au。转移曲线如图 6-7 所示，空穴迁移率是根据文献数据计算的[351-352]。完全处理器件的空穴迁移率达到了 $2.32 \times 10^{-2} cm^2/(V \cdot s)$，如表 6-2 所示，比普通器件高两个数量级，这说明电荷传输与形貌密切相关，即形成更均匀和更光滑的薄膜更有利于电荷的传输。空穴迁移率的提高与钙钛矿器件的串联电阻下降（R_s 从 $6.80\Omega/cm^2$ 到 $4.84\Omega \cdot cm^2$，如表 6-2 所示）很好地吻合，经过充分处理，使 J_{sc} 显著增加。但从表 5-2 可以看到，分流电阻（R_{sh}）出现了下降，这导致了 FF 下降[353]。基于接触角改变的分析，这些下降可归因于用 DMSO 冲洗导致钙钛矿活性层和 PEDOT：PSS 层之间的界面接触减弱。

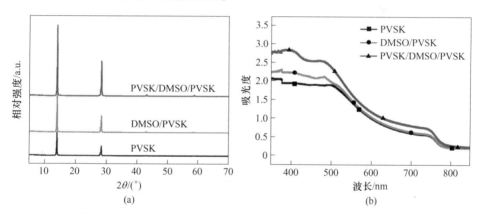

图 6-6　各种钙钛矿薄膜的 XRD（a）和紫外-可见吸收光谱（b）

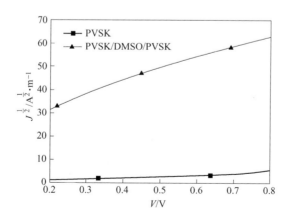

图 6-7　各种钙钛矿薄膜的场效应器件性能曲线

表 6-2　原始 PEDOT：PSS 薄膜（PVSK）和钙钛矿层用 DMSO 冲
洗掉的（PVSK/DMSO/PVSK）薄膜场效应器件的性能数据

器　　件	$R_s/\Omega \cdot cm^{-2}$	$R_{sh}/\Omega \cdot cm^{-2}$	空穴迁移率 /$cm^2 \cdot (V \cdot s)^{-1}$
PVSK	6.80	679.3	1.66×10^{-4}
PVSK/DMSO/PVSK	4.32	100.3	2.32×10^{-2}

6.3　本章小结

　　本章通过在 PEDOT：PSS 层上预钙钛矿沉积和随后的 DMSO 清洗，制备了光滑且连续的钙钛矿薄膜。该薄膜由大晶粒组成，晶界面积较小，结晶度增强，可减少电荷复合。结果表明，采用该方法制备的钙钛矿器件的性能显著提高，钙钛矿薄膜形貌的改进主要促进了 J_{sc} 从 $11.2mA/cm^2$ 增加至 $21.9mA/cm^2$。J_{sc} 的增加主要有两方面原因：一方面沉积在处理过的 PEDDOT：PSS 底层上的活性钙钛矿层的光吸收增加；另一方面，在处理过的 PEDDOT：PSS 层上生长的活性钙钛矿层的空穴迁移率显著增加，增强的电荷传输特性促使 J_{sc} 增强，最终 PCE 为 11.36%。综上所述，通过预沉积钙钛矿层和随后的 DMSO 清洗处理可以获得均匀的钙钛矿薄膜，这种方法简单灵活、成本低，是一种值得推广的制备方法。

参 考 文 献

［1］ WÖHRLE D, MEISSNER D. Organic solar cells ［J］. Advanced Materials, 1991, 3 （3）: 129-138.

［2］ GREEN M A. Silicon photovoltaic modules: A brief history of the first 50 years ［J］. Progress in Photovoltaics: Research and Applications, 2005, 13 （5）: 447-455.

［3］ TAKAMOTO T, KANEIWA M, IMAIZUMI M, et al. InGaP/GaAs-based multijunction solar cells ［J］. Progress in Photovoltaics: Research and Applications, 2005, 13 （6）: 495-511.

［4］ O'REGAN B, GRATZEL M. A low-cost, high-efficiency solar cell based on dye-sensitized colloidal TiO_2 films ［J］. Nature, 1991, 353 （6346）: 737-740.

［5］ 袁霞. 基于 PM6: Y6 的有机太阳能电池 ［J］. 智能计算机与应用, 2021, 11 （10）: 89-95.

［6］ LIU G C, XIA R X, HUANG Q R, et al. Tandem organic solar cells with 18. 7% efficiency enabled by suppressing the charge recombination in front sub-cell ［J］. Advanced Functional Materials, 2021, 31 （29）: 2103283.

［7］ ZHENG Z, WANG J Q, BI P Q, et al. Tandem organic solar cell with 20. 2% efficiency ［J］. Joule, 2022, 6 （1）: 171-184.

［8］ Best research-cell efficiencies ［EB/OL］. https: //www. nrel. gov/pv/assets/pdfs/best-researchcell-efficiencies. rev211011.

［9］ KEARNS D, CALVIN M. Photovoltaic effect and photoconductivity in laminated organic systems ［J］. The Journal of Chemical Physics, 1958, 29 （4）: 950-951.

［10］ WEINBERGER B R, GAU S C, KISS Z. A polyacetylene: Aluminum photodiode ［J］. Applied Physics Letters, 1981, 38 （7）: 555-557.

［11］ TANG C W. Two-layer organic photovoltaic cell ［J］. Applied Physics Letters, 1986, 48: 183.

［12］ HIRAMOTO M, FUJIWARA H, YOKOYAMA M. Three-layered organic solar cell with a photoactive interlayer of codeposited pigments ［J］. Applied Physics Letters, 1991, 58 （10）: 1062-1064.

［13］ SARICIFTCI N S, SMILOWITZ L, HEEGER A J, et al. Photoinduced electron-transfer from a conducting polymer to buckminsterfullerene ［J］. Science, 1992, 258 （5087）: 1474-1476.

［14］ MORITA S, ZAKHIDOV A A, YOSHINO K. Doping effect of buckminsterfullerene in conducting polymer: Change of absorption-spectrum and quenching of luminescence ［J］. Solid State Commun, 1992, 82 （4）: 249-252.

［15］ SARICIFTCI N S, SMILOWITZ L, HEEGER A J, et al. Semiconducting polymers (as donors) and buckminsterfullerene (as acceptor)-photoinduced electron transfer and heterojunction devices ［J］. Synthetic Metals, 1993, 59 （3）: 333-352.

［16］ YU G, GAO J, HUMMELEN J C, et al. Polymer photovoltaic cells: Enhanced efficiencies via a network of internal donor-acceptor heterojunctions ［J］. Science, 1995, 270 （5243）:

1789-1791.

[17] HALLS J J M, WALSH C A, GREENHAM N C, et al. Efficient photodiodes from interpenetrating polymer networks [J]. Nature, 1995, 376 (6540): 498-500.

[18] DOU L T, YOU J B, YANG J, et al. Tandem polymer solar cells featuring a spectrally matched low-bandgap polymer [J]. Nature Photonics, 2012, 6 (3): 180-185.

[19] LIN Y, MAGOMEDOV A, FIRDAUS Y, et al. 18.4% organic solar cells using a high ionization energy self-assembled monolayer as hole-extraction interlayer [J]. ChemSusChem, 2021, 14 (17): 3569-3578.

[20] DEIBEL C, DYAKONOV V. Polymer-fullerene bulk heterojunction solar cells [J]. Reports on Progress in Physics, 2010, 73 (9).

[21] CHENG Y J, YANG S H, HSU C S. Synthesis of conjugated polymers for organic solar cell applications [J]. Chemical Reviews, 2009, 109 (11): 5868-5923.

[22] BLOM P W M, MIHAILETCHI V D, KOSTER L J A, et al. Device physics of polymer: Fullerene bulk heterojunction solar cells [J]. Advanced Materials, 2007, 19 (12): 1551-1566.

[23] BREDAS J L, BELJONNE D, COROPCEANU V, et al. Charge-transfer and energy-transfer processes in pi-conjugated oligomers and polymers: A molecular picture [J]. Chemical Reviews, 2004, 104 (11): 4971-5003.

[24] HALLS J J M, CORNIL J, DOS SANTOS R, et al. Charge- and energy-transfer processes at polymer/polymer interfaces: A joint experimental and theoretical study [J]. Physical Review B, 1999, 60 (8): 5721-5727.

[25] BENSON-SMITH J J, GORIS L, VANDEWAL K, et al. Formation of a ground-state charge-transfer complex in polyfluorene/[6, 6]-phenyl-C-61 butyric acid methyl ester (PCBM) blend films and its role in the function of polymer/PCBM solar cells [J]. Advanced Function Materials, 2007, 17 (3): 451-457.

[26] NUZZO D D, WETZELAER G J A H, BOUWER R K M, et al. Simultaneous open-circuit voltage enhancement and short-circuit current loss in polymer: Fullerene solar cells correlated by reduced quantum efficiency for photoinduced electron transfer [J]. Advanced Energy Materials, 2013, 3 (1): 85-94.

[27] MIHAILETCHI V D, VAN DUREN J K J, BLOM P W M, et al. Electron transport in a methanofullerene [J]. Advanced Function Materials, 2003, 13 (1): 43-46.

[28] LI G, SHROTRIYA V, HUANG J S, et al. High-efficiency solution processable polymer photovoltaic cells by self-organization of polymer blends [J]. Nature Materials, 2005, 4 (11): 864-868.

[29] MIHAILETCHI V D, BLOM P W M, HUMMELEN J C, et al. Cathode dependence of the open-circuit voltage of polymer : Fullerene bulk heterojunction solar cells [J]. Journal of Applied Physics, 2003, 94 (10): 6849-6854.

[30] RUSECKAS A, NAMDAS E B, GANGULY T, et al. Intra- and interchain luminescence in

amorphous and semicrystalline films of phenyl-substituted polythiophene [J]. Journal of Physical Chemistry B, 2001, 105 (32): 7624-7631.

[31] VANDEWAL K, TVINGSTEDT K, GADISA A, et al. On the origin of the open-circuit voltage of polymer-fullerene solar cells [J]. Nature Materials, 2009, 8 (11): 904-909.

[32] PEREZ M D, BOREK C, FORREST S R, et al. Molecular and morphological influences on the open circuit voltages of organic photovoltaic devices [J]. Journal of the American Chemical Society, 2009, 131 (26): 9281-9286.

[33] VANDEWAL K, TVINGSTEDT K, GADISA A, et al. On the origin of the open-circuit voltage of polymer-fullerene solar cells [J]. Nature Materials, 2009, 8 (11): 904-909.

[34] YANG L Q, ZHOU H X, YOU W. Quantitatively analyzing the influence of side chains on photovoltaic properties of polymer-fullerene solar cells [J]. Journal of Physical Chemistry C, 2010, 114 (39): 16793-16800.

[35] MOLITON A, NUNZI J M. How to model the behaviour of organic photovoltaic cells [J]. Polymer International, 2006, 55 (6): 583-600.

[36] GADISA A, MAMMO W, ANDERSSON L M, et al. A new donor-acceptor-donor polyfluorene copolymer with balanced electron and hole mobility [J]. Advanced Function Materials, 2007, 17 (18): 3836-3842.

[37] ZHANG F L, JESPERSEN K G, BJORSTROM C, et al. Influence of solvent mixing on the morphology and performance of solar cells based on polyfluorene copolymer/fullerene blends [J]. Advanced Function Materials, 2006, 16 (5): 667-674.

[38] ZHENG Q D, JUNG B J, SUN J, et al. Ladder-type oligo-p-phenylene-containing copolymers with high open-circuit voltages and ambient photovoltaic activity [J]. Journal of the American Chemical Society, 2010, 132 (15): 5394-5404.

[39] COFFIN R C, PEET J, ROGERS J, et al. Streamlined microwave-assisted preparation of narrow-bandgap conjugated polymers for high-performance bulk heterojunction solar cells [J]. Nature Chemistry, 2009, 1 (8): 657-661.

[40] PRICE S C, STUART A C, YANG L Q, et al. Fluorine substituted conjugated polymer of medium band gap yields 7% efficiency in polymer-fullerene solar cells [J]. Journal of the American Chemical Society, 2011, 133 (12): 4625-4631.

[41] ZOOMBELT A P, MATHIJSSEN S G J, TURBIEZ M G R, et al. Small band gap polymers based on diketopyrrolopyrrole [J]. Journal of Materials Chemistry, 2010, 20 (11): 2240-2246.

[42] SHAHEEN S E, BRABEC C J, SARICIFTCI N S, et al. 2.5% efficient organic plastic solar cells [J]. Applied Physics Letters, 2001, 78 (6): 841-843.

[43] RENZ J A, TROSHIN P A, GOBSCH G, et al. Fullerene solubility-current density relationship in polymer solar cells [J]. Physica Status Solidi-Rapid Research Letters, 2008, 2 (6): 263-265.

[44] KIM Y, CHOULIS S A, NELSON J, et al. Device annealing effect in organic solar cells with

blends of regioregular poly (3-hexylthiophene) and soluble fullerene [J]. Applied Physics Letters, 2005, 86 (6): 1474-1476.

[45] Ma WL, Yang CY, Gong X, et al. Thermally stable, efficient polymer solar cells with nanoscale control of the interpenetrating network morphology [J]. Advanced Function Materials, 2005, 15 (10): 1617-1622.

[46] ZHU Z, WALLER D, GAUDIANA R, et al. Panchromatic conjugated polymers containing alternating donor/acceptor units for photovoltaic applications [J]. Macromolecules, 2007, 40 (6): 1981-1986.

[47] KAAKE L G, WELCH G C, MOSES D, et al. Influence of processing additives on charge-transfer time scales and sound velocity in organic bulk heterojunction films [J]. The Journal of Physical Chemistry Letters, 2012, 3 (10): 1253-1257.

[48] HOVEN C V, DANG X D, COFFIN R C, et al. Improved performance of polymer bulk heterojunction solar cells through the reduction of phase separation via solvent additives [J]. Advanced Materials, 2010, 22 (8): E63.

[49] BRABEC C J, SHAHEEN S E, WINDER C, et al. Effect of LiF/metal electrodes on the performance of plastic solar cells [J]. Applied Physics Letters, 2002, 80 (7): 1288-1290.

[50] WIENK M M, KROON J M, VERHEES W J H, et al. Efficient methano [70] fullerene/MD MO-PPV bulk heterojunction photovoltaic cells [J]. Angewandte Chemie-International Edition, 2003, 42 (29): 3371-3375.

[51] DENNLER G, SCHARBER M C, BRABEC C J. Polymer-fullerene bulk-heterojunction solar cells [J]. Advanced Materials, 2009, 21 (13): 1323-1338.

[52] REYES-REYES M, KIM K, CARROLL D L. High-efficiency photovoltaic devices based on annealed poly (3-hexylthiophene) and 1-(3-methoxycarbonyl)-propyl-1-phenyl-(6, 6C 61 blends [J]. Applied Physics Letters, 2005, 87 (8): 083506.

[53] KIM J Y, KIM S H, LEE H H, et al. New architecture for high-efficiency polymer photovoltaic cells using solution-based titanium oxide as an optical spacer [J]. Advanced Materials, 2006, 18 (5): 572-576.

[54] SOCI C, HWANG I W, MOSES D, et al. Photoconductivity of a low-bandgap conjugated polymer [J]. Advanced Function Materials, 2007, 17 (4): 632-636.

[55] WANG R, ZHANG C, LI Q, et al. Charge separation from an intra-moiety intermediate state in the high-performance PM6: Y6 organic photovoltaic blend [J]. Journal of the American Chemical Society, 2020, 142 (29): 12751-12759.

[56] SVENSSON M, ZHANG F, INGANAS O, et al. Synthesis and properties of alternating polyfluorene copolymers with redshifted absorption for use in solar cells [J]. Synthetic Metals, 2003, 135 (1-3): 137-138.

[57] KREYENSCHMIDT M, KLAERNER G, FUHRER T, et al. Thermally stable blue-light-emitting copolymers of poly (alkylfluorene)[J]. Macromolecules, 1998, 31 (4): 1099-1103.

[58] YOHANNES T, ZHANG F, SVENSSON A, et al. Polyfluorene copolymer based bulk heterojunction

solar cells [J]. Thin Solid Films, 2004, 449 (1-2): 152-157.

[59] INGANAS O, ZHANG F L, ANDERSSON M R. Alternating polyfluorenes collect solar light in polymer photovoltaics [J]. Accounts Chem Res, 2009, 42 (11): 1731-1739.

[60] CHEN H Y, HOU J H, ZHANG S Q, et al. Polymer solar cells with enhanced open-circuit voltage and efficiency [J]. Nature Photonics, 2009, 3 (11): 649-653.

[61] YANG R Q, TIAN R Y, YAN J G, et al. Deep-red electroluminescent polymers: Synthesis and characterization of new low-band-gap conjugated copolymers for light-emitting diodes and photovoltaic devices [J]. Macromolecules, 2005, 38 (2): 244-253.

[62] JANIETZ S, KRUEGER H, SCHLEIERMACHER H F, et al. Tailoring of low bandgap polymer and its performance analysis in organic solar cells [J]. Macromolecular Chemistry and Physics, 2009, 210 (18): 1493-1503.

[63] ZHOU E J, CONG J Z, YAMAKAWA S, et al. Synthesis of thieno [3,4-b] pyrazine-based and 2,1,3-benzothiadiazole-based donor-acceptor copolymers and their application in photovoltaic devices [J]. Macromolecules, 2010, 43 (6): 2873-2879.

[64] LI W W, QIN R P, ZHOU Y, et al. Tailoring side chains of low band gap polymers for high efficiency polymer solar cells [J]. Polymer, 2010, 51 (14): 3031-3038.

[65] HE F, WANG W, CHEN W, et al. Tetrathienoanthracene-based copolymers for efficient solar cells [J]. Journal of the American Chemical Society, 2011, 133 (10): 3284-3287.

[66] WANG E, WANG L, LAN L, et al. High-performance polymer heterojunction solar cells of a polysilafluorene derivative [J]. Applied Physics Letters, 2008, 92 (3): 23.

[67] ALLARD N, AICH R B, GENDRON D, et al. Germafluorenes: New heterocycles for plastic electronics [J]. Macromolecules, 2010, 43 (5): 2328-2333.

[68] BLOUIN N, LECLERC M. Poly (2,7-carbazole) s: Structure-property relationships [J]. Accounts of Chemical Research, 2008, 41 (9): 1110-1119.

[69] BLOUIN N, MICHAUD A, GENDRON D, et al. Toward a rational design of poly (2,7-carbazole) derivatives for solar cells [J]. Journal of the American Chemical Society, 2008, 130 (2): 732-742.

[70] BOUDREAULT P L T, BLOUIN N, LECLERC M. Poly (2,7-carbazole) s and related polymers [J]. Polyfluorenes, 2008, 212: 99-124.

[71] QIN R P, LI W W, LI C H, et al. A planar copolymer for high efficiency polymer solar cells [J]. Journal of the American Chemical Society, 2009, 131 (41): 14612-14613.

[72] PARK S H, ROY A, BEAUPRE S, et al. Bulk heterojunction solar cells with internal quantum efficiency approaching 100% [J]. Nature Photonics, 2009, 3 (5): 297-303.

[73] MUHLBACHER D, SCHARBER M, MORANA M, et al. High photovoltaic performance of a low-bandgap polymer [J]. Advanced Materials, 2006, 18 (21): 2884.

[74] MOULE A J, TSAMI A, BUENNAGEL T W, et al. Two novel cyclopentadithiophene-based alternating copolymers as potential donor components for high-efficiency bulk-heterojunction-type solar cells [J]. Chemistry of Materials, 2008, 20 (12): 4045-4050.

［75］ BIJLEVELD J C, SHAHID M, GILOT J, et al. Copolymers of cyclopentadithiophene and electron-deficient aromatic units designed for photovoltaic applications ［J］. Advanced Function Materials, 2009, 19 (20)：3262-3270.

［76］ HUO L J, HOU J H, ZHANG S Q, et al. A polybenzo ［1,2-b：4,5-b′］ dithiophene derivative with deep HOMO level and its application in high-performance polymer solar cells ［J］. Angewandte Chemie-International Edition, 2010, 49 (8)：1500-1503.

［77］ HUO L J, ZHANG S Q, GUO X, et al. Replacing alkoxy groups with alkylthienyl groups：A feasible approach to improve the properties of photovoltaic polymers ［J］. Angewandte Chemie-International Edition, 2011, 50 (41)：9697-9702.

［78］ ZHOU H X, YANG L Q, PRICE S C, et al. Enhanced photovoltaic performance of low-bandgap polymers with deep LUMO levels ［J］. Angewandte Chemie-International Edition, 2010, 49 (43)：7992-7995.

［79］ ZHANG S, QIN Y, ZHU J, et al. Over 14% efficiency in polymer solar cells enabled by a chlorinated polymer donor ［J］. Advanced Materials, 2018, 30 (20)：1800868.

［80］ YAO H, CUI Y, QIAN D, et al. 14.7% efficiency organic photovoltaic cells enabled by active materials with a large electrostatic potential difference ［J］. Journal of the American Chemical Society, 2019, 141 (19)：7743-7750.

［81］ FAN B, ZHANG D, LI M, et al. Achieving over 16% efficiency for single-junction organic solar cells ［J］. Science China Chemistry, 2019, 62 (6)：746-752.

［82］ HOU J, CHEN H Y, ZHANG S, et al. Synthesis, characterization, and photovoltaic properties of a low band gap polymer based on silole-containing polythiophenes and 2,1,3-benzothiadiazole ［J］. Journal of the American Chemical Society, 2008, 130 (48)：16144-16145.

［83］ BLOUIN N, MICHAUD A, LECLERC M. A low-bandgap poly (2,7-carbazole) derivative for use in high-performance solar cells ［J］. Advanced Materials, 2007, 19 (17)：2295.

［84］ SLOOFF L H, VEENSTRA S C, KROON J M, et al. Determining the internal quantum efficiency of highly efficient polymer solar cells through optical modeling ［J］. Applied Physics Letters, 2007, 90 (14)：143506.

［85］ ZHOU E J, NAKAMURA M, NISHIZAWA T, et al. Synthesis and photovoltaic properties of a novel low band gap polymer based on N-substituted dithieno ［3,2-b：2′,3′-d］ pyrrole ［J］. Macromolecules, 2008, 41 (22)：8302-8305.

［86］ NIE W Y, MACNEILL C M, LI Y, et al. A soluble high molecular weight copolymer of benzo ［1,2-b：4,5-b′］ dithiophene and benzoxadiazole for efficient organic photovoltaics ［J］. Macromolecular Rapid Communications, 2011, 32 (15)：1163-1168.

［87］ ZHAO W, CAI W Z, XU R X, et al. Novel conjugated alternating copolymer based on 2,7-carbazole and 2,1,3-benzoselenadiazole ［J］. Polymer, 2010, 51 (14)：3196-3202.

［88］ ZHANG L J, HE C, CHEN J W, et al. Bulk-heterojunction solar cells with benzotriazole-based copolymers as electron donors：Largely improved photovoltaic parameters by using PFN/

A1 bilayer cathode [J]. Macromolecules, 2010, 43 (23): 9771-9778.

[89] SONG S, JIN Y, PARK S H, et al. A low-bandgap alternating copolymer containing the dimethylbenzimidazole moiety [J]. Journal of Materials Chemistry, 2010, 20 (31): 6517-6523.

[90] GENDRON D, MORIN P O, NAJARI A, et al. Synthesis of new pyridazine-based monomers and related polymers for photovoltaic applications [J]. Macromolecular Rapid Communications, 2010, 31 (12): 1090-1094.

[91] WANG E G, MA Z F, ZHANG Z, et al. An isoindigo-based low band gap polymer for efficient polymer solar cells with high photo-voltage [J]. Chemical Communications, 2011, 47 (17): 4908-4910.

[92] LIU B, ZOU Y P, PENG B, et al. Low bandgap isoindigo-based copolymers: Design, synthesis and photovoltaic applications [J]. Polymer Chemistry, 2011, 2 (5): 1156-1162.

[93] MAHMOOD K, LIU Z P, LI C, et al. Novel isoindigo-based conjugated polymers for solar cells and field effect transistors [J]. Polymer Chemistry, 2013, 4 (12): 3563-3574.

[94] BIJLEVELD J C, ZOOMBELT A P, MATHIJSSEN S G J, et al. Poly (diketopyrrolopyrrole terthiophene) for Ambipolar Logic and Photovoltaics [J]. Journal of the American Chemical Society, 2009, 131 (46): 16616-16617.

[95] ZOOMBELT A P, MATHIJSSEN S G J, TURBIEZ M G R, et al. Small band gap polymers based on diketopyrrolopyrrole [J]. Journal of Materials Chemistry, 2010, 20 (11): 2240-2246.

[96] ZHOU E, YAMAKAWA S, TAJIMA K, et al. Synthesis and photovoltaic properties of diketopyrrolopyrrole-based donor-acceptor copolymers [J]. Chemistry of Materials, 2009, 21 (17): 4055-4061.

[97] LI W, HENDRIKS K H, WIENK M M, et al. Diketopyrrolopyrrole polymers for organic solar cells [J]. Accounts of chemical research, 2016, 49 (1): 78-85.

[98] ZOU Y P, GENDRON D, NEAGU-PLESU R, et al. Synthesis and characterization of new low-bandgap diketopyrrolopyrrole-based copolymers [J]. Macromolecules, 2009, 42 (17): 6361-6365.

[99] WIENK M M, TURBIEZ M, GILOT J, et al. Narrow-bandgap diketo-pyrrolo-pyrrole polymer solar cells: the effect of processing on the performance [J]. Advanced Materials, 2008, 20 (13): 2556-2560.

[100] HUO L J, HOU J H, CHEN H Y, et al. Bandgap and molecular level control of the low-bandgap polymers based on 3, 6-dithiophen-2-yl-2, 5-dihydropyrrolo [3, 4-c] pyrrole-1, 4-dione toward highly efficient polymer solar cells [J]. Macromolecules, 2009, 42 (17): 6564-6571.

[101] BIJLEVELD J C, GEVAERTS V S, DI NUZZO D, et al. Efficient solar cells based on an easily accessible diketopyrrolopyrrole polymer [J]. Advanced Materials, 2010, 22 (35): E242-E246.

[102] BRONSTEIN H, CHEN Z Y, ASHRAF R S, et al. Thieno [3, 2-b] thiophene-

diketopyrrolopyrrole-containing polymers for high-performance organic field-effect transistors and organic photovoltaic devices [J]. Journal of the American Chemical Society, 2011, 133 (10): 3272-3275.

[103] ZOU Y P, NAJARI A, BERROUARD P, et al. A Thieno [3,4-c] pyrrole-4,6-dione-based copolymer for efficient solar cells [J]. Journal of the American Chemical Society, 2010, 132 (15): 5330-5331.

[104] ZHANG G B, FU Y Y, ZHANG Q, et al. Benzo [1,2-b:4,5-b'] dithiophene-dioxopyrrolothiophen copolymers for high performance solar cells [J]. Chemical Communications, 2010, 46 (27): 4997-4999.

[105] PILIEGO C, HOLCOMBE T W, DOUGLAS J D, et al. Synthetic control of structural order in N-Alkylthieno [3,4-c] pyrrole-4, 6-dione-based polymers for efficient solar cells [J]. Journal of the American Chemical Society, 2010, 132 (22): 7595-7597.

[106] CHU T Y, LU J P, BEAUPRE S, et al. Bulk heterojunction solar cells using thieno [3,4-c] pyrrole-4, 6-dione and dithieno [3, 2-b: 2', 3'-d] silole copolymer with a power conversion efficiency of 7. 3% [J]. Journal of the American Chemical Society, 2011, 133 (12): 4250-4253.

[107] AMB C M, CHEN S, GRAHAM K R, et al. Dithienogermole as a fused electron donor in bulk heterojunction solar cells [J]. Journal of the American Chemical Society, 2011, 133 (26): 10062-10065.

[108] LI Z, TSANG S W, DU X M, et al. Alternating copolymers of cyclopenta [2,1-b; 3,4-b'] dithiophene and thieno [3,4-c] pyrrole-4,6-dione for high-performance polymer solar cells [J]. Advanced Function Materials, 2011, 21 (17): 3331-3336.

[109] ZHOU E, CONG J Z, TAJIMA K, et al. Synthesis and photovoltaic properties of donor-acceptor copolymers based on 5, 8-dithien-2-yl-2, 3-diphenylquinoxaline [J]. Chemistry of Materials, 2010, 22 (17): 4890-4895.

[110] LINDGREN L J, ZHANG F L, ANDERSSON M, et al. Synthesis, characterization, and devices of a series of alternating copolymers for solar cells [J]. Chemistry of Materials, 2009, 21 (15): 3491-3502.

[111] WANG X J, PERZON E, MAMMO W, et al. Polymer solar cells with low-bandgap polymers blended with C_{70}-derivative give photocurrent at 1μm [J]. Thin Solid Films, 2006, 511: 576-580.

[112] TSAI J H, CHUEH C C, LAI M H, et al. Synthesis of new indolocarbazole-acceptor alternating conjugated copolymers and their applications to thin film transistors and photovoltaic cells [J]. Macromolecules, 2009, 42 (6): 1897-1905.

[113] HUO L J, TAN Z A, WANG X, et al. Novel two-dimensional donor-acceptor conjugated polymers containing quinoxaline units: Synthesis, characterization, and photovoltaic properties [J]. Journal of Polymer Science Part a-Polymer Chemistry, 2008, 46 (12): 4038-4049.

[114] LEE S K, LEE W H, CHO J M, et al. Synthesis and photovoltaic properties of quinoxalinebased

alternating copolymers for high-efficiency bulk-heterojunction polymer solar cells [J].
Macromolecules, 2011, 44 (15): 5994-6001.

[115] WOODY K B, LEEVER B J, DURSTOCK M F, et al. Synthesis and characterization of fully
conjugated donor-acceptor-donor triblock copolymers [J]. Macromolecules, 2011, 44 (12):
4690-4698.

[116] WANG E R, HOU L T, WANG Z Q, et al. Small band gap polymers synthesized via a
modified nitration of 4,7-dibromo-2,1, 3-benzothiadiazole [J]. Organic Letters, 2010, 12
(20): 4470-4473.

[117] CHENG Y J, HO Y J, CHEN C H, et al. Synthesis, photophysical and photovoltaic properties
of conjugated polymers containing fused donor-acceptor dithienopyrrolobenzothiadiazole and
dithienopyrroloquinoxaline arenes [J]. Macromolecules, 2012, 45 (6): 2690-2698.

[118] ZHANG J E, CAI W Z, HUANG F, et al. Synthesis of quinoxaline-based donor-acceptor
narrow-band-gap polymers and their cyclized derivatives for bulk-heterojunction polymer solar
cell applications [J]. Macromolecules, 2011, 44 (4): 894-901.

[119] SHI S W, JIANG P, CHEN S, et al. Effect of oligothiophenepi-bridge length on the
photovoltaic properties of D-A copolymers based on carbazole and quinoxalinoporphyrin [J].
Macromolecules, 2012, 45 (19): 7806-7814.

[120] IYER A, BJORGAARD J, ANDERSON T, et al. Quinoxaline-based semiconducting polymers:
Effect of fluorination on the photophysical, thermal, and charge transport properties [J].
Macromolecules, 2012, 45 (16): 6380-6389.

[121] KITAZAWA D, WATANABE N, YAMAMOTO S, et al. Quinoxaline-based π-conjugated
donor polymer for highly efficient organic thin-film solar cells [J]. Applied physics letters,
2009, 95 (5): 053701.

[122] WANG E G, HOU L T, WANG Z Q, et al. An easily synthesized blue polymer for high-performance
polymer solar cells [J]. Advanced Materials, 2010, 22 (46): 5240-5244.

[123] WANG E G, HOU L T, WANG Z Q, et al. Side-chain architectures of 2,7-carbazole and
quinoxaline-based polymers for efficient polymer solar cells [J]. Macromolecules, 2011, 44
(7): 2067-2073.

[124] DUAN R M, YE L, GUO X, et al. Application of two-dimensional conjugated benzo [1,2-
b: 4,5-b'] dithiophene in quinoxaline-based photovoltaic polymers [J]. Macromolecules,
2012, 45 (7): 3032-3038.

[125] HE Z, ZHANG C, XU X, et al. Largely enhanced efficiency with a PFN/Al bilayer cathode
in high efficiency bulk heterojunction photovoltaic cells with a low bandgap polycarbazole donor
[J]. Advanced Materials, 2011, 23 (27): 3086-3089.

[126] SUN C, PAN F, CHEN S, et al. Achieving fast charge separation and low nonradiative
recombination loss by rational fluorination for high-efficiency polymer solar cells [J].
Advanced Materials, 2019, 31 (52): 1905480.

[127] SUN C, QIN S, WANG R, et al. High efficiency polymer solar cells with efficient hole

transfer at zero highest occupied molecular orbital offset between methylated polymer donor and brominated acceptor ［J］. Journal of the American Chemical Society, 2020, 142 (3): 1465-1474.

［128］ WU Y, ZHENG Y, YANG H, et al. Rationally pairing photoactive materials for high-performance polymer solar cells with efficiency of 16.53% ［J］. Science China Chemistry, 2020, 63 (2): 265-271.

［129］ XU T, LV J, YANG K, et al. 15.8% efficiency binary all-small-molecule organic solar cells enabled by a selenophene substituted sematic liquid crystalline donor ［J］. Energy & Environmental Science, 2021, 14 (10): 5366-5376.

［130］ SENGE M O, FAZEKAS M, NOTARAS E G A, et al. Nonlinear optical properties of porphyrins ［J］. Advanced Materials, 2007, 19 (19): 2737-2774.

［131］ NOTARAS E G A, FAZEKAS M, DOYLE J J, et al. A (2) B (2)-type push-pull porphyrins as reverse saturable and saturable absorbers ［J］. Chemical Communications, 2007, (21): 2166-2168.

［132］ XUE J, RAND B P, UCHIDA S, et al. A hybrid planar - mixed molecular heterojunction photovoltaic cell ［J］. Advanced Materials, 2005, 17 (1): 66-71.

［133］ KRONENBERG N M, DEPPISCH M, WURTHNER F, et al. Bulk heterojunction organic solar cells based on merocyanine colorants ［J］. Chemical Communications, 2008, (48): 6489-6491.

［134］ STEINMANN V, KRONENBERG N M, LENZE M R, et al. Simple, highly efficient vacuum-processed bulk heterojunction solar cells based on merocyanine dyes ［J］. Advanced Energy Materials, 2011, 1 (5): 888-893.

［135］ TAMAYO A B, TANTIWIWAT M, WALKER B, et al. Design, synthesis, and self-assembly of oligothiophene derivatives with a diketopyrrolopyrrole core ［J］. Journal of Physical Chemistry C, 2008, 112 (39): 15543-15552.

［136］ TAMAYO A B, WALKER B, NGUYEN T Q. A low band gap, solution processable oligothiophene with a diketopyrrolopyrrole core for use in organic solar cells ［J］. Journal of Physical Chemistry C, 2008, 112 (30): 11545-11551.

［137］ TAMAYO A B, DANG X D, WALKER B, et al. A low band gap, solution processable oligothiophene with a dialkylated diketopyrrolopyrrole chromophore for use in bulk heterojunction solar cells ［J］. Applied Physics Letters, 2009, 94 (10) .

［138］ TAMAYO A, KENT T, TANTITIWAT M, et al. Influence of alkyl substituents and thermal annealing on the film morphology and performance of solution processed, diketopyrrolopyrrole-based bulk heterojunction solar cells ［J］. Energy & Environmental Science, 2009, 2 (11): 1180-1186.

［139］ WALKER B, TAMAYO A, DUONG D T, et al. A systematic approach to solvent selection based on cohesive energy densities in a molecular bulk heterojunction system ［J］. Advanced Energy Materials, 2011, 1 (2): 221-229.

[140] LOSER S, BRUNS C J, MIYAUCHI H, et al. A naphthodithiophene-diketopyrrolopyrrole donor molecule for efficient solution-processed solar cells [J]. Journal of the American Chemical Society, 2011, 133 (21): 8142-8145.

[141] WU W P, LIU Y Q, ZHU D B. Pi-conjugated molecules with fused rings for organic fieldeffect transistors: design, synthesis and applications [J]. Chemical Society Reviews, 2010, 39 (5): 1489-1502.

[142] ANTHONY J E. Functionalized acenes and heteroacenes for organic electronics [J]. Chemical Reviews, 2006, 106 (12): 5028-5048.

[143] YOO S, DOMERCQ B, KIPPELEN B. Efficient thin-film organic solar cells based on pentacene/ C_{60} heterojunctions [J]. Applied Physics Letters, 2004, 85 (22): 5427-5429.

[144] VALENTINI L, BAGNIS D, MARROCCHI A, et al. Novel anthracene-core molecule for the development of efficient PCBM-based solar cells [J]. Chemistry of Materials, 2008, 20 (1): 32-34.

[145] WINZENBERG K N, KEMPPINEN P, FANCHINI G, et al. Dibenzo [b, def] chrysene derivatives: Solution-processable small molecules that deliver high power-conversion efficiencies in bulk heterojunction solar cells [J]. Chemistry of Materials, 2009, 21 (24): 5701-5703.

[146] ZHANG F, WU D Q, XU Y Y, et al. Thiophene-based conjugated oligomers for organic solar cells [J]. Journal of Materials Chemistry, 2011, 21 (44): 17590-17600.

[147] SAKAI J, TAIMA T, SAITO K. Efficient oligothiophene: Fullerene bulk heterojunction organic photovoltaic cells [J]. Organic Electronics, 2008, 9 (5): 582-590.

[148] LI Z, HE G R, WAN X J, et al. Solution processable rhodanine-based small molecule organic photovoltaic cells with a power conversion efficiency of 6.1% [J]. Advanced Energy Materials, 2012, 2 (1): 74-77.

[149] SHANG H X, FAN H J, LIU Y, et al. New X-shaped oligothiophenes for solution-processed solar cells [J]. Journal of Materials Chemistry, 2011, 21 (26): 9667-9673.

[150] MISHRA A, MA C Q, JANSSEN R A J, et al. Shape-persistent oligothienylene-ethynylene-based dendrimers: Synthesis, spectroscopy and electrochemical characterization [J]. Chemistry-a European Journal, 2009, 15 (48): 13521-13534.

[151] FISCHER M K R, MA C Q, JANSSEN R A J, et al. Core-functionalized dendritic oligothiophenes-novel donor-acceptor systems [J]. Journal of Materials Chemistry, 2009, 19 (27): 4784-4795.

[152] MASTALERZ M, FISCHER V, MA C Q, et al. Conjugated oligothienyl dendrimers based on a pyrazino [2, 3-g] quinoxaline core [J]. Organic Letters, 2009, 11 (20): 4500-4503.

[153] SHIROTA Y, KAGEYAMA H. Charge carrier transporting molecular materials and their applications in devices [J]. Chemical Reviews, 2007, 107 (4): 953-1010.

[154] NING Z J, TIAN H. Triarylamine: A promising core unit for efficient photovoltaic materials [J]. Chemical Communications, 2009, (37): 5483-5495.

[155] HE C, HE Q G, HE Y J, et al. Organic solar cells based on the spin-coated blend films of

TPA-th-TPA and PCBM [J]. Solar Energy Materials and Solar Cells, 2006, 90 (12): 1815-1827.

[156] SHANG H X, FAN H J, SHI Q Q, et al. Solution processable D-A-D molecules based on triphenylamine for efficient organic solar cells [J]. Solar Energy Materials and Solar Cells, 2010, 94 (3): 457-464.

[157] CHIU S W, LIN L Y, LIN H W, et al. A donor-acceptor-acceptor molecule for vacuumprocessed organic solar cells with a power conversion efficiency of 6. 4% [J]. Chemical Communications, 2012, 48 (13): 1857-1859.

[158] SHANG H X, FAN H J, LIU Y, et al. A Solution-Processable Star-Shaped Molecule for High- Performance Organic Solar Cells [J]. Advanced Materials, 2011, 23 (13): 1554-1557.

[159] WOLF D, HOLOVSKY S, MOON J, et al. Organometallic halide perovskites: Sharp optical absorption edge and its relation to photovoltaic performance [J]. The Journal of Physical Chemistry Letters, 2014, 5 (6): 1035-1039.

[160] SADHANALA A, DESCHLER F, THOMAS T H, et al. Preparation of single-phase films of CH_3NH_3Pb $(I_{1-x}Br_x)_3$ with sharp optical band edges [J]. The Journal of Physical Chemistry Letters, 2014, 5 (15): 2501-2505.

[161] STRANKS S D, EPERON G E, GRANCINI G, et al. Electron-hole diffusion lengths exceeding 1 micrometer in an organometal trihalide perovskite absorber [J]. Science, 2013, 342: 341-344.

[162] XING G C, MATHEWS N, SUN S Y, et al. Long-range balanced electron-and hole-transport lengths in organic-inorganic $CH_3NH_3PbI_3$ [J]. Science, 2013, 342: 344-347.

[163] WEHRENFENNIG C, LIU M Z, SNAITH H J, et al. Charge-carrier dynamics in vapourdeposited films of the organolead halide perovskite $CH_3 NH_3 PbI_{3-x} Cl_x$ [J]. Energy & Environmental Science, 2014 (7): 2269-2275.

[164] JEON N J, NOH J H, KIM Y C, et al. Solvent engineering for high-performance inorganic-organic hybrid perovskite solar cells [J]. Nature materials, 2014, 13 (9): 897-903.

[165] ZHOU D, ZHOU T T, TIAN Y, et al. Perovskite-based solar cells: materials, methods, and future perspectives [J]. Journal of Nanomaterials, 2018, 2018: 1-15.

[166] NOH J H, IM S H, HEO J H, et al. Chemical management for colorful, efficient, and stable inorganic-organic hybrid nanostructured solar cells [J]. Nano Letters, 2013, 13 (4): 1764-1769.

[167] KOJIMA A, TESHIMA K, SHIRAI Y, et al. Organometal halide perovskites as visible-light sensitizers for photovoltaic cells [J]. Journal of the American Chemical Society, 2009, 131 (17): 6050-6051.

[168] IM J H, LEE C R, LEE J W, et al. 6. 5% efficient perovskite quantum-dot-sensitized solar cell [J]. Nanoscale, 2011, 3 (10): 4088-4093.

[169] KIM H S, LEE C R, IM J H, et al. Lead iodide perovskite sensitized all-solid-state

submicron thin film mesoscopic solar cell with efficiency exceeding 9% [J]. Scientific reports, 2012, 2 (1): 1-7.

[170] BURSCHKA J, PELLET N, MOON S J, et al. Sequential deposition as a route to highperformance perovskite-sensitized solar cells [J]. Nature, 2013, 499: 316-319.

[171] YANG W S, NOH J H, JEON N J, et al. High-performance photovoltaic perovskite layers fabricated through intramolecular exchange [J]. Science, 2015, 348: 1234-1237.

[172] JIANG Q, ZHAO Y, ZHANG X W, et al. Surface passivation of perovskite film for efficient solar cells [J]. Nature Photonics, 2019, 13 (7): 460-466.

[173] Best research-cell efficiencies [EB/OL]. https://www. nrel. gov/pv/assets/pdfs/best-researchcell-efficiencies. rev211011.

[174] LU Z, ZHAO Z, YANG L, et al. A simple method for synthesis of highly efficient flower-like SnO_2 photocatalyst nanocomposites [J]. Journal of Materials Science: Materials in Electronics, 2019, 30 (1): 50-55.

[175] 严辉, 孟琦, 韩昌报, 等. 钙钛矿太阳电池稳定性研究进展 [J]. 北京工业大学学报, 2019, 45 (11): 1147-1163.

[176] MENG L, YOU J, GUO T F, et al. Recent advances in the inverted planar structure of perovskite solar cells [J]. Accounts of chemical research, 2016, 49 (1): 155-165.

[177] ZHANG W, LI Y, LIU X, et al. Ethyl acetate green antisolvent process for high-performance planar low-temperature SnO_2-based perovskite solar cells made in ambient air [J]. Chemical Engineering Journal, 2020, 379: 122298.

[178] UMARI P, MOSCONI E, DE ANGELIS F. Relativistic GW calculations on $CH_3NH_3PbI_3$ and $CH_3NH_3SnI_3$ perovskites for solar cell applications [J]. Scientific reports, 2014, 4 (1): 1-7.

[179] LIU D Y, KELLY T L. Perovskite solar cells with a planar heterojunction structure prepared using room-temperature solution processing techniques [J]. Nature Photonics, 2014, 8: 133-138.

[180] YOU J B, HONG Z R, YANG Y M, et al. Low-temperature solution-processed perovskite solar cells with high efficiency and flexibility [J]. ACS Nano, 2014, 8 (2): 1674-1680.

[181] HODES G, CAHEN D. Photovoltaics: Perovskite cells roll forward [J]. Nature Photonics, 2014, 8: 87-88.

[182] KU Z, RONG Y, XU M, et al. Full printable processed mesoscopic $CH_3NH_3PbI_3/TiO_2$ heterojunction solar cells with carbon counter electrode [J]. Scientific reports, 2013, 3 (1): 1-5.

[183] WOJCIECHOWSKI K, SALIBA M, LEIJTENS T, et al. Sub-150℃ processed meso-superstructured perovskite solar cells with enhanced efficiency [J]. Energy & Environmental Science, 2014, 7 (3): 1142-1147.

[184] QIU J, QIU Y, YAN K, et al. All-solid-state hybrid solar cells based on a new organometal halide perovskite sensitizer and one-dimensional TiO_2 nanowire arrays [J]. Nanoscale, 2013,

5 (8): 3245-3248.

[185] DUALEH A, MOEHL T, TéTREAULT N M, et al. Impedance spectroscopic analysis of lead iodide perovskite-sensitized solid-state solar cells [J]. ACS Nano, 2013, 8: 362-373.

[186] QIN P, DOMANSKI A L, CHANDIRAN A K, et al. Yttrium-substituted nanocrystalline TiO_2 photoanodes for perovskite based heterojunction solar cells [J]. Nanoscale, 2014, 6: 1508-1514.

[187] LEIJTENS T, LAUBER B, EPERON G E, et al. The importance of perovskite pore filling in organometal mixed halide sensitized TiO_2-based solar cells [J]. The Journal of Physical Chemistry Letters, 2014, 5: 1096-1102.

[188] CONINGS B, BAETEN L, DE DOBBELAERE C, et al. Perovskite-based hybrid solar cells exceeding 10% efficiency with high reproducibility using a thin film sandwich approach [J]. Advanced Materials, 2014, 26: 2041-2046.

[189] EPERON G E, BURLAKOV V M, GORIELY A, et al. Neutral color semitransparent microstructured perovskite solar cells [J]. ACS Nano, 2013, 8: 591-598.

[190] DUALEH A, TéTREAULT N, MOEHL T, et al. Effect of annealing temperature on film morphology of organic-inorganic hybrid pervoskite solid-state solar cells [J]. Advanced Function Materials, 2014, 24: 3250-3258.

[191] SCHULZ P, EDRI E, KIRMAYER S, et al. Interface energetics in organo-metal halide perovskite-based photovoltaic cells [J]. Energy & Environmental Science, 2014, 7: 1377-1381.

[192] PELLET N, GAO P, GREGORI G, et al. Mixed-organic-cation perovskite photovoltaics for enhanced solar-light harvesting [J]. Angewandte Chemie International Edition, 2014, 53 (12): 3151-3157.

[193] MITZI D B, PRIKAS M, CHONDROUDIS K. Thin film deposition of organic-inorganic hybrid materials using a single source thermal ablation technique [J]. Chemistry of Materials, 1999, 11: 542-544.

[194] ROLDáN-CARMONA C, MALINKIEWICZ O, SORIANO A, et al. Flexible high efficiency perovskite solar cells [J]. Energy & Environmental Science, 2014, 7: 994-997.

[195] CHEN Q, ZHOU H, HONG Z, et al. Planar heterojunction perovskite solar cells via vapor-assisted solution process [J]. Journal of the American Chemical Society, 2013, 136: 622-625.

[196] BALL J M, LEE M M, HEY A, et al. Low-temperature processed meso-superstructured to thin-film perovskite solar cells [J]. Energy & Environmental Science, 2013, 6: 1739-1743.

[197] JIANG L L, WANG Z K, LI M, et al. Enhanced electrical property of compact TiO_2 layer via platinum doping for high-performance perovskite solar cells [J]. Solar RRL, 2018, 2 (11): 1800149.

[198] TAN H, JAIN A, VOZNYY O, et al. Efficient and stable solution-processed planar perovskite solar cells via contact passivation [J]. Science, 2017, 355 (6326): 722-726.

[199] NIU G, LI W, MENG F, et al. Study on the stability of $CH_3NH_3PbI_3$ films and the effect of

post-modification by aluminum oxide in all-solid-state hybrid solar cells [J]. Journal of Materials Chemistry A, 2014, 2: 705-710.

[200] GUO X, DONG H, LI W, et al. Multifunctional MgO layer in perovskite solar cells [J]. ChemPhysChem, 2015, 16: 1727-1732.

[201] LEIJTENS T, EPERON G E, PATHAK S, et al. Overcoming ultraviolet light instability of sensitized TiO_2 with meso-superstructured organometal tri-halide perovskite solar cells [J]. Nature Communications, 2013, 4 (1): 1-8.

[202] LI W, ZHANG W, VAN REENEN S, et al. Enhanced UV-light stability of planar heterojunction perovskite solar cells with caesium bromide interface modification [J]. Energy & Environmental Science, 2016, 9: 490-498.

[203] SHAO Y, YUAN Y, HUANG J, et al. Correlation of energy disorder and open-circuit voltage in hybrid perovskite solar cells [J]. Nature Energy, 2016, 1: 15001.

[204] BUSH K A, BAILIE C D, CHEN Y, et al. Thermal and environmental stability of semi-transparent perovskite solar cells for tandems enabled by a solution-processed nanoparticle buffer layer and sputtered ITO electrode [J]. Advanced Materials, 2016, 28 (20): 3937-3943.

[205] CHEN W, XU L, FENG X, et al. Metal acetylacetonate series in interface engineering for full low-temperature-processed, high-performance, and stable planar perovskite solar cells with conversion efficiency over 16% on 1 cm (2) scale [J]. Advanced Materials, 2017, 29 (16): 1603923.

[206] CAPPEL U B, DAENEKE T, BACH U. Oxygen-induced doping of spiro-MeOTAD in solid-state dye-sensitized solar cells and its impact on device performance [J]. Nano Letters, 2012, 12: 4925-4931.

[207] LI W, DONG H, WANG L, et al. Montmorillonite as bifunctional buffer layer material for hybrid perovskite solar cells with protection from corrosion and retarding recombination [J]. Journal of Materials Chemistry A, 2014, 2: 13587-13592.

[208] LI W, DONG H, GUO X, et al. Graphene oxide as dual functional interface modifier for improving wettability and retarding recombination in hybrid perovskite solar cells [J]. Journal of Materials Chemistry A, 2014, 2: 20105-20111.

[209] LIU Y, HU Y, ZHANG X, et al. Inhibited aggregation of lithium salt in spiro-OMeTAD toward highly efficient perovskite solar cells [J]. Nano Energy, 2020, 70: 104483.

[210] LIM K G, KIM H B, JEONG J, et al. Boosting the power conversion efficiency of perovskite solar cells using self-organized polymeric hole extraction layers with high work function [J]. Advanced Materials, 2014, 26: 6461-6466.

[211] WANG D, WRIGHT M, ELUMALAI N K, et al. Stability of perovskite solar cells [J]. Solar Energy Materials and Solar Cells, 2016, 147: 255-275.

[212] JENG J Y, CHEN K C, CHIANG T Y, et al. Nickel oxide electrode interlayer in $CH_3NH_3PbI_3$ perovskite/PCBM planar-heterojunction hybrid solar cells [J]. Advanced Materials, 2014,

26: 4107-4113.

[213] JUNG J W, CHUEH C C, JEN A K Y. A low-temperature, solution-processable, Cu-doped nickel oxide hole-transporting layer via the combustion method for high-performance thin-film perovskite solar cells [J]. Advanced Materials, 2015, 27: 7874-7880.

[214] CHEN W, WU Y, YUE Y, et al. Efficient and stable large-area perovskite solar cells with inorganic charge extraction layers [J]. Science, 2015, 350: 944-948.

[215] CHEN W, WU Y, LIU J, et al. Hybrid interfacial layer leads to solid performance improvement of inverted perovskite solar cells [J]. Energy & Environmental Science, 2015, 8: 629-640.

[216] LU Z, WANG S, LIU H, et al. Improved efficiency of perovskite solar cells by the interfacial modification of the active layer [J]. Nanomaterials, 2019, 9 (2): 204.

[217] COAKLEY K M, MCGEHEE M D. Conjugated polymer photovoltaic cells [J]. Chemistry of Materials, 2004, 16 (23): 4533-4542.

[218] KREBS F C. Processing and preparation of polymer and organic solar cells [J]. Solar Energy Materials and Solar Cells, 2009, 93 (4): 393-393.

[219] KREBS F C. Roll-to-roll fabrication of monolithic large-area polymer solar cells free from indium-tin-oxide [J]. Solar Energy Materials and Solar Cells, 2009, 93 (9): 1636-1641.

[220] KREBS F C. Pad printing as a film forming technique for polymer solar cells [J]. Solar Energy Materials and Solar Cells, 2009, 93 (4): 484-490.

[221] KIM Y, COOK S, TULADHAR S M, et al. A strong regioregularity effect in self-organizing conjugated polymer films and high-efficiency polythiophene: fullerene solar cells [J]. Nature Materials, 2006, 5 (3): 197-203.

[222] SHIN M, KIM H, PARK J, et al. Abrupt morphology change upon thermal annealing in poly (3-hexylthiophene)/soluble fullerene blend films for polymer solar cells [J]. Advanced Function Materials, 2010, 20 (5): 748-754.

[223] LI G, SHROTRIYA V, YAO Y, et al. Investigation of annealing effects and film thickness dependence of polymer solar cells based on poly (3-hexylthiophene) [J]. Journal of Applied Physics, 2005, 98 (4): 043704.

[224] MA W L, KIM J Y, LEE K, et al. Effect of the molecular weight of poly (3-hexylthiophene) on the morphology and performance of polymer bulk heterojunction solar cells [J]. Macromolecular Rapid Communications, 2007, 28 (17): 1776-1780.

[225] CHEN Y H, HUANG P T, LIN K C, et al. Stabilization of poly (3-hexylthiophene)/PCBM morphology by hydroxyl group end-functionalized P3HT and its application to polymer solar cells [J]. Organic Electronics, 2012, 13 (2): 283-289.

[226] SIVULA K, LUSCOMBE C K, THOMPSON B C, et al. Enhancing the thermal stability of polythiophene: Fullerene solar cells by decreasing effective polymer regioregularity [J]. Journal of the American Chemical Society, 2006, 128 (43): 13988-13989.

[227] LI Y F. Molecular design of photovoltaic materials for polymer solar cells: Toward suitable

electronic energy levels and broad absorption [J]. Accounts of Chemical Research, 2012, 45 (5): 723-733.

[228] SCHARBER M C, WUHLBACHER D, KOPPE M, et al. Design rules for donors in bulkheterojunction solar cells—Towards 10% energy-conversion efficiency [J]. Advanced Materials, 2006, 18 (6): 789.

[229] DENNLER G, SCHARBER M C, AMERI T, et al. Design rules for donors in bulkheterojunction tandem solar cells—Towards 15% energy-conversion efficiency [J]. Advanced Materials, 2008, 20 (3): 579-583.

[230] CHEN J W, CAO Y. Development of novel conjugated donor polymers for high-efficiency bulk-heterojunction photovoltaic devices [J]. Accounts of Chemical Research, 2009, 42 (11): 1709-1718.

[231] WU J S, CHENG Y J, DUBOSC M, et al. Donor-acceptor polymers based on multi-fused heptacyclic structures: Synthesis, characterization and photovoltaic applications [J]. Chem Commun (Camb), 2010, 46 (19): 3259-3261.

[232] FANG T, LU Z, LU H, et al. The enhanced photovoltaic performance of fluorinated acenaphtho [1, 2-b] quinoxaline based low band gap polymer [J]. Polymer, 2015, 71: 43-50.

[233] LI G, LU Z, LI C, et al. The side chain effect on difluoro-substituted dibenzo [a, c] phenazine based conjugated polymers as donor materials for high efficiency polymer solar cells [J]. Polymer Chemistry, 2015, 6 (9): 1613-1618.

[234] LU Z, ZHANG J, LI C, et al. The effect of meta-substituted or para-substituted phenyl as side chains on the performance of polymer solar cells [J]. Synthetic Metals, 2016, 220: 402-409.

[235] LU Z, LI C, DU C, et al. 6, 7-dialkoxy-2, 3-diphenylquinoxaline based conjugated polymers for solar cells with high open-circuit voltage [J]. Chinese Journal of Polymer Science, 2013, 31 (6): 901-911.

[236] TOLMAN C A, SEIDEL W C, GERLACH D H. Triarylphosphine and ethylene complexes of zerovalent nickel, palladium, and platinum [J]. Journal of the American Chemical Society, 1972, 94 (8): 2669-2676.

[237] LIU M F, CHEN Y L, ZHANG C, et al. Stable superhydrophobic fluorine containing polyfluorenes [J]. Chinese Journal of Polymer Science, 2012, 30 (2): 308-315.

[238] LIU M F, CHEN Y L, ZHU B, et al. Synthesis of polyfluorenes bearing lateral pyreneterminated alkyl chains for dispersion of single-walled carbon nanotubes [J]. Chinese Journal of Polymer Science, 2012, 30 (3): 405-414.

[239] POMMEREHNE J, VESTWEBER H, GUSS W, et al. Efficient 2-layer leds on a polymer blend basis [J]. Advanced Materials, 1995, 7 (6): 551-554.

[240] LI L, TANG Q, LI H, et al. An ultra closely π-stacked organic semiconductor for high performance field-effect transistors [J]. Advanced Materials, 2007, 19 (18): 2613-2617.

[241] HOU J H, TAN Z A, YAN Y, et al. Synthesis and photovoltaic properties of two-dimensional conjugated polythiophenes with bi (thienylenevinylene) side chains [J]. Journal of the American Chemical Society, 2006, 128 (14): 4911-4916.

[242] ERB T, ZHOKHAVETS U, GOBSCH G, et al. Correlation between structural and optical properties of composite polymer/fullerene films for organic solar cells [J]. Advanced Function Materials, 2005, 15 (7): 1193-1196.

[243] KAAKE L G, WELCH G C, MOSES D, et al. Influence of processing additives on chargetransfer time scales and sound velocity in organic bulk heterojunction films [J]. Journal of Physical Chemistry Letters, 2012, 3 (10): 1253-1257.

[244] LEE J K, MA W L, BRABEC C J, et al. Processing additives for improved efficiency from bulk heterojunction solar cells [J]. Journal of the American Chemical Society, 2008, 130 (11): 3619-3623.

[245] DENNLER G, MOZER A J, JUSKA G, et al. Charge carrier mobility and lifetime versus composition of conjugated polymer/fullerene bulk-heterojunction solar cells [J]. Organic Electronics, 2006, 7 (4): 229-234.

[246] SHAHEEN S E, JABBOUR G E, MORRELL M M, et al. Bright blue organic light-emitting diode with improved color purity using a LiF/Al cathode [J]. Journal of Applied Physics, 1998, 84 (4): 2324-2327.

[247] CAMPOY-QUILES M, FERENCZI T, AGOSTINELLI T, et al. Morphology evolution via self-organization and lateral and vertical diffusion in polymer: Fullerene solar cell blends [J]. Nature Materials, 2008, 7 (2): 158-164.

[248] CHEN L M, HONG Z R, LI G, et al. Recent progress in polymer solar cells: Manipulation of polymer: Fullerene morphology and the formation of efficient inverted polymer solar cells [J]. Advanced Materials, 2009, 21 (14-15): 1434-1449.

[249] HOPPE H, NIGGEMANN M, WINDER C, et al. Nanoscale morphology of conjugated polymer/fullerene-based bulk-heterojunction solar cells [J]. Advanced Function Materials, 2004, 14 (10): 1005-1011.

[250] YANG X, LOOS J. Toward high-performance polymer solar cells: The importance of morphology control [J]. Macromolecules, 2007, 40 (5): 1353-1362.

[251] VAN DER POLL T S, LOVE J A, NGUYEN T Q, et al. Non-basic high-performance molecules for solution-processed organic solar cells [J]. Advanced Materials, 2012, 24 (27): 3646-3649.

[252] ZHOU J Y, WAN X J, LIU Y S, et al. Small molecules based on benzo [1, 2-b: 4, 5-b'] dithiophene unit for high-performance solution-processed organic solar cells [J]. Journal of the American Chemical Society, 2012, 134 (39): 16345-16351.

[253] LIN Y Z, LI Y F, ZHAN X W. Small molecule semiconductors for high-efficiency organic photovoltaics [J]. Chemical Society Reviews, 2012, 41 (11): 4245-4272.

[254] RONCALI J. Molecular bulk heterojunctions: An emerging approach to organic solar cells

[J]. Accounts of Chemical Research, 2009, 42 (11): 1719-1730.

[255] WALKER B, KIM C, NGUYEN T Q. Small molecule solution-processed bulk heterojunction solar cells [J]. Chemistry of Materials, 2011, 23 (3): 470-482.

[256] HE C, HE Q G, YI Y P, et al. Improving the efficiency of solution processable organic photovoltaic devices by a star-shaped molecular geometry [J]. Journal of Materials Chemistry, 2008, 18 (34): 4085-4090.

[257] ROQUET S, CRAVINO A, LERICHE P, et al. Triphenylamine-thienylenevinylene hybrid systems with internal charge transfer as donor materials for heterojunction solar cells [J]. Journal of the American Chemical Society, 2006, 128 (10): 3459-3466.

[258] FITZNER R, ELSCHNER C, WEIL M, et al. Interrelation between crystal packing and small-molecule organic solar cell performance [J]. Advanced Materials, 2012, 24 (5): 675-680.

[259] HAID S, MISHRA A, WEIL M, et al. Synthesis and structure-property correlations of dicyanovinyl-substituted oligoselenophenes and their application in organic solar cells [J]. Advanced Function Materials, 2012, 22 (20): 4322-4333.

[260] LIU J H, WALKER B, TAMAYO A, et al. Effects of heteroatom substitutions on the crystal structure, film formation, and optoelectronic properties of diketopyrrolopyrrole-based materials [J]. Advanced Function Materials, 2013, 23 (1): 47-56.

[261] MAZZIO K A, YUAN M J, OKAMOTO K, et al. Oligoselenophene derivatives functionalized with a diketopyrrolopyrrole core for molecular bulk heterojunction solar cells [J]. ACS Applied Materials & Interfaces, 2011, 3 (2): 271-278.

[262] WALKER B, TOMAYO A B, DANG X D, et al. Nanoscale phase separation and high photovoltaic efficiency in solution-processed, small-molecule bulk heterojunction solar cells [J]. Advanced Function Materials, 2009, 19 (19): 3063-3069.

[263] CHEN M R, FU W F, SHI M M, et al. An ester-functionalized diketopyrrolopyrrole molecule with appropriate energy levels for application in solution-processed organic solar cells [J]. Journal of Materials Chemistry A, 2013, 1 (1): 105-111.

[264] LI W W, DU C, LI F H, et al. Benzothiadiazole-based linear and star molecules: Design, synthesis, and their application in bulk heterojunction organic solar cells [J]. Chemistry of Materials, 2009, 21 (21): 5327-5334.

[265] WU Z L, FAN B H, XUE F, et al. Organic molecules based on dithienyl-2,1,3- benzothiadiazole as new donor materials for solution-processed organic photovoltaic cells [J]. Solar Energy Materials and Solar Cells, 2010, 94 (12): 2230-2237.

[266] YUAN M C, CHOU Y J, CHEN C M, et al. A crystalline low-bandgap polymer comprising dithienosilole and thieno [3, 4-c] pyrrole-4, 6-dione units for bulk heterojunction solar cells [J]. Polymer, 2011, 52 (13): 2792-2798.

[267] OHSHITA J. Conjugated oligomers and polymers containing dithienosilole units[J]. Macromolecular Chemistry and Physics, 2009, 210 (17): 1360-1370.

［268］SUN Y M, WELCH G C, LEONG W L, et al. Solution-processed small-molecule solar cells with 6.7% efficiency ［J］. Nature Materials, 2012, 11 (1): 44-48.

［269］JI L, FANG Q, YUAN M S, et al. Switching high two-photon efficiency: From 3,8,13-substituted triindole derivatives to their 2, 7, 12-isomers ［J］. Organic Letters, 2010, 12 (22): 5192-5195.

［270］SHAO J J, GUAN Z P, YAN Y L, et al. Synthesis and characterizations of star-shaped octupolar triazatruxenes-based two-photon absorption chromophores ［J］. Journal of Organic Chemistry, 2011, 76 (3): 780-790.

［271］ZHU T H, HE G K, CHANG J, et al. The synthesis, photophysical and electrochemical properties of a series of novel 3, 8, 13-substituted triindole derivatives ［J］. Dyes and Pigments, 2012, 95 (3): 679-688.

［272］LAI W Y, HE Q Y, ZHU R, et al. Kinked star-shaped fluorene/triazatruxene co-oligomer hybrids with enhanced functional properties for high-performance, solution-processed, blue organic light-emitting modes ［J］. Advanced Function Materials, 2008, 18 (2): 265-276.

［273］LAI W Y, ZHU R, FAN Q L, et al. Monodisperse six-armed triazatruxenes: Microwaveenhanced synthesis and highly efficient pure-deep-blue electroluminescence ［J］. Macromolecules, 2006, 39 (11): 3707-3709.

［274］VAN CLEUVENBERGEN S, ASSELBERGHS I, GARCIA-FRUTOS E M, et al. Dispersion overwhelms charge transfer in determining the magnitude of the first hyperpolarizability in triindole octupoles ［J］. Journal of Physical Chemistry C, 2012, 116 (22): 12312-12321.

［275］GARCIA-FRUTOS E M, OMENAT A, BARBERA J, et al. Highly ordered pi-extended discotic liquid-crystalline triindoles ［J］. Journal of Materials Chemistry, 2011, 21 (19): 6831-6836.

［276］TALARICO M, TERMINE R, GARCIA-FRUTOS E M, et al. New electrode-friendly triindole columnar phases with high hole mobility ［J］. Chemistry of Materials, 2008, 20 (21): 6589-6591.

［277］SHELTON S W, CHEN T L, BARCLAY D E, et al. Solution-processable triindoles as hole selective materials in organic solar cells ［J］. ACS Applied Materials & Interfaces, 2012, 4 (5): 2534-2540.

［278］LU Z, LI C, FANG T, et al. Triindole-cored star-shaped molecules for organic solar cells ［J］. Journal of Materials Chemistry A, 2013, 1 (26): 7657-7665.

［279］JIAO C J, HUANG K W, GUAN Z P, et al. N-annulated perylene fused porphyrins with enhanced near-IR absorption and emission ［J］. Organic Letters, 2010, 12 (18): 4046-4049.

［280］ZHOU Y, TVINGSTEDT K, ZHANG F, et al. Observation of a charge transfer state in low-bandgap polymer/fullerene blend systems by photoluminescence and electroluminescence studies ［J］. Advanced Function Materials, 2009, 19 (20): 3293-3299.

［281］THOMPSON B C, FRÉCHET J M J. Polymer-fullerene composite solar cells ［J］. Angewandte

Chemie International Edition, 2008, 47 (1): 58-77.

[282] NI W, LI M M, KAN B, et al. Open-circuit voltage up to 1.07V for solution processed small molecule based organic solar cells [J]. Organic Electronics, 2014, 15 (10): 2285-2294.

[283] CARSTEN B, SZARKO J M, SON H J, et al. Examining the effect of the dipole moment on charge separation in donor-acceptor polymers for organic photovoltaic applications [J]. Journal of the American Chemical Society, 2011, 133 (50): 20468-20475.

[284] CHEN H Z, LING M M, MO X, et al. Air stable n-channel organic semiconductors for thin film transistors based on fluorinated derivatives of perylene diimides [J]. Chemistry of Materials, 2007, 19 (4): 816-824.

[285] LI K, LI Z, FENG K, et al. Development of large band-gap conjugated copolymers for efficient regular single and tandem organic solar cells [J]. Journal of the American Chemical Society, 2013, 135 (36): 13549-13557.

[286] SCHROEDER B C, HUANG Z, ASHRAF R S, et al. Silaindacenodithiophene-based low band gap polymers-The effect of fluorine substitution on device performances and film morphologies [J]. Advanced Functional Materials, 2012, 22 (8): 1663-1670.

[287] SHEWMON N T, WATKINS D L, GALINDO J F, et al. Enhancement in organic photovoltaic efficiency through the synergistic interplay of molecular donor hydrogen bonding and pi-stacking [J]. Advanced Functional Materials, 2015, 25 (32): 5166-5177.

[288] WANG L, YIN L, JI C, et al. Tuning the photovoltaic performance of BT-TPA chromophore based solution-processed solar cells through molecular design incorporating of bithiophene unit and fluorine-substitution [J]. Dyes and Pigments, 2015, 118: 37-44.

[289] CUI R, FAN L, YUAN J, et al. Effect of fluorination on the performance of poly (thieno 2,3-f benzofuran-co-benzothiadiazole) derivatives [J]. RSC Advances, 2015,5(38): 30145-30152.

[290] GUO S, NING J, KOERSTGENS V, et al. The effect of fluorination in manipulating the nanomorphology in PTB7: PC_{71} BM bulk heterojunction systems [J]. Advanced Energy Materials, 2015, 5 (4): 1401315.

[291] JO J W, JUNG J W, JUNG E H, et al. Fluorination on both D and A units in D-A type conjugated copolymers based on difluorobithiophene and benzothiadiazole for highly efficient polymer solar cells [J]. Energy & Environmental Science, 2015, 8 (8): 2427-2434.

[292] KIM H G, KANG B, KO H, et al. Synthetic tailoring of solid-state order in diketopyrrolopyrrole-based copolymers via intramolecular noncovalent interactions [J]. Chemistry of Materials, 2015, 27 (3): 829-838.

[293] WANG J L, WU Z, MIAO J S, et al. Solution-processed diketopyrrolopyrrole-containing small-molecule organic solar cells with 7.0% efficiency: In-depth investigation on the effects of structure modification and solvent vapor annealing [J]. Chemistry of Materials, 2015, 27 (12): 4338-4348.

[294] CHO A, KIM Y, SONG C E, et al. Synthesis and characterization of fluorinated benzothiadiazole-based small molecules for organic solar cells [J]. Science of Advanced Materials, 2014, 6

(11): 2411-2415.

[295] PAEK S, CHO N, SONG K, et al. Efficient organic semiconductors containing fluorine-substituted benzothiadiazole for solution-processed small molecule organic solar cells [J]. Journal of Physical Chemistry C, 2012, 116 (44): 23205-23213.

[296] CHO N, SONG K, LEE J K, et al. Facile synthesis of fluorine-substituted benzothiadiazole-based organic semiconductors and their use in solution-processed small-molecule organic solar cells [J]. Chemistry-a European Journal, 2012, 18 (36): 11433-11439.

[297] DUTTA P, YANG W, EOM S H, et al. Synthesis and characterization of triphenylamine flanked thiazole-based small molecules for high performance solution processed organic solar cells [J]. Organic Electronics, 2012, 13 (2): 273-282.

[298] LI Z, DONG Q, LI Y, et al. Design and synthesis of solution processable small molecules towards high photovoltaic performance [J]. Journal of Materials Chemistry, 2011, 21 (7): 2159-2168.

[299] LIN Y, CHENG P, LI Y, et al. A 3D star-shaped non-fullerene acceptor for solution-processed organic solar cells with a high open-circuit voltage of 1.18V [J]. Chemical Communications, 2012, 48 (39): 4773-4775.

[300] VIJAY KUMAR C, CABAU L, KOUKARAS E N, et al. Efficient solution processed D-1-A-D-2-A-D-1 small molecules bulk heterojunction solar cells based on alkoxy triphenylamine and benzo 1, 2-b: 4, 5-b' thiophene units [J]. Organic Electronics, 2015, 26: 36-47.

[301] PATIL H, CHANG J, GUPTA A, et al. Isoindigo-based small molecules with varied donor components for solution-processable organic field effect transistor devices [J]. Molecules, 2015, 20 (9): 17362-17377.

[302] BAGDE S S, PARK H, YANG S N, et al. Diketopyrrolopyrrole-based narrow band gap donors for efficient solution-processed organic solar cells [J]. Chemical Physics Letters, 2015, 630: 37-43.

[303] MIKROYANNIDIS J A, STYLIANAKIS M M, SURESH P, et al. Low band gap vinylene compounds with triphenylamine and benzothiadiazole segments for use in photovoltaic cells [J]. Organic Electronics, 2009, 10 (7): 1320-1333.

[304] KATO S I, MATSUMOTO T, ISHI-I T, et al. Strongly red-fluorescent novel donor-π-bridge-acceptor-π-bridge-donor (D-π-A-π-D) type 2, 1, 3-benzothiadiazoles with enhanced two-photon absorption cross-sections [J]. Chemical Communications, 2004 (20): 2342-2343.

[305] ZOU Y, GENDRON D, BADROU-AïCH R, et al. A high-mobility low-bandgap poly(2,7-carbazole) derivative for photovoltaic applications [J]. Macromolecules, 2009, 42 (8): 2891-2894.

[306] HUANG J, ZHAN C, ZHANG X, et al. Solution-processed DPP-based small molecule that gives high photovoltaic efficiency with judicious device optimization [J]. ACS Applied Materials & Interfaces, 2013, 5 (6): 2033-2039.

[307] UHRICH C, SCHUEPPEL R, PETRICH A, et al. Organic thin-film photovoltaic cells based on oligothiophenes with reduced bandgap [J]. Advanced Functional Materials, 2007, 17

（15）：2991-2999.

[308] ZHANG Z, LU Z, ZHANG J, et al. High efficiency polymer solar cells based on alkylthio substituted benzothiadiazole-quaterthiophene alternating conjugated polymers [J]. Organic Electronics, 2017, 40：36-41.

[309] SHANG Y, HAO S, LIU J, et al. Synthesis of upconversion beta-NaYF$_4$：Nd^{3+}/Yb^{3+}/Er^{3+} particles with enhanced luminescent intensity through control of morphology and phase [J]. Nanomaterials, 2015, 5 (1)：218-232.

[310] DUTTA P, YANG W, EOM S H, et al. Development of naphtho [1, 2-b：5, 6-b'] dithiophene based novel small molecules for efficient bulk-heterojunction organic solar cells [J]. Chemical Communications, 2012, 48 (4)：573-575.

[311] WANG X C, SUN Y P, CHEN S, et al. Effects of pi-conjugated bridges on photovoltaic properties of donor-pi-acceptor conjugated copolymers [J]. Macromolecules, 2012, 45 (3)：1208-1216.

[312] WANG H F, SHI Q Q, LIN Y Z, et al. Conjugated polymers based on a new building block：Dithienophthalimide [J]. Macromolecules, 2011, 44 (11)：4213-4221.

[313] SON H J, WANG W, XU T, et al. Synthesis of fluorinated polythienothiophene-co-benzodithiophenes and effect of fluorination on the photovoltaic properties [J]. Journal of the American Chemical Society, 2011, 133 (6)：1885-1894.

[314] DU C, LI C H, LI W W, et al. 9-alkylidene-9H-fluorene-containing polymer for high-efficiency polymer solar cells [J]. Macromolecules, 2011, 44 (19)：7617-7624.

[315] LLOYD M T, MAYER A C, SUBRAMANIAN S, et al. Efficient solution-processed photovoltaic cells based on an anthradithiophene/fullerene blend [J]. Journal of the American Chemical Society, 2007, 129 (29)：9144-9149.

[316] LLOYD M T, ANTHONY J E, MALLIARAS G G. Photovoltaics from soluble small molecules [J]. Materials Today, 2007, 10 (11)：34-41.

[317] LIU Q, WANG M, LI C H, et al. Polymer photovoltaic cells based on polymethacrylate bearing semiconducting side chains [J]. Macromolecular Rapid Communications, 2012, 33 (24)：2097-2102.

[318] BERTHIER D, TRACHSEL A, FEHR C, et al. Amphiphilic polymethacrylate-and polystyrene-based chemical delivery systems for damascones [J]. Helvetica Chimica Acta, 2005, 88 (12)：3089-3108.

[319] LEE M M, TEUSCHER J, MIYASAKA T, et al. Efficient hybrid solar cells based on meso-superstructured organometal halide perovskites [J]. Science, 2012, 338 (6107)：643-647.

[320] BURSCHKA J, PELLET N, MOON S J, et al. Sequential deposition as a route to high-performance perovskite-sensitized solar cells [J]. Nature, 2013, 499 (7458)：316-319.

[321] WU Y, ISLAM A, YANG X, et al. Retarding the crystallization of PbI$_2$ for highly reproducible planar-structured perovskite solar cells via sequential deposition [J]. Energy & Environmental Science, 2014, 7 (9)：2934-2938.

[322] XU Q, LU Z, ZHU L, et al. Elimination of the *J-V* hysteresis of planar perovskite solar cells by interfacial modification with a thermo-cleavable fullerene derivative [J]. Journal of Materials Chemistry A, 2016, 4 (45): 17649-17654.

[323] ELUMALAI N K, UDDIN A. Hysteresis in organic-inorganic hybrid perovskite solar cells [J]. Solar Energy Materials and Solar Cells, 2016, 157: 476-509.

[324] BRYANT D, GREENWOOD P, TROUGHTON J, et al. A transparent conductive adhesive laminate electrode for high-efficiency organic-inorganic lead halide perovskite solar cells [J]. Advanced Materials, 2014, 26: 7499-7504.

[325] MANSER J S, SAIDAMINOV M I, CHRISTIANS J A, et al. Making and breaking of lead halide perovskites [J]. Accounts of Chemical Research, 2016, 49 (2): 330-338.

[326] CHEN L C, TSENG Z L, HUANG J K. A study of inverted-type perovskite solar cells with various composition ratios of (FAPbI$_3$)$_{1-x}$ (MAPbBr$_3$)$_x$ [J]. Nanomaterials, 2016, 6 (10): 183.

[327] JEON N J, NOH J H, YANG W S, et al. Compositional engineering of perovskite materials for high-performance solar cells [J]. Nature, 2015, 517 (7535): 476-480.

[328] DONG Q, FANG Y, SHAO Y, et al. Electron-hole diffusion lengths > 175μm in solution-grown CH$_3$NH$_3$PbI$_3$ single crystals [J]. Science, 2015, 347 (6225): 967-970.

[329] LOEPER P, STUCKELBERGER M, NIESEN B, et al. Complex refractive index spectra of CH$_3$NH$_3$PbI$_3$ perovskite thin films determined by spectroscopic ellipsometry and spectrophotometry [J]. Journal of Physical Chemistry Letters, 2015, 6 (1): 66-71.

[330] WEHRENFENNIG C, EPERON G E, JOHNSTON M B, et al. High charge carrier mobilities and lifetimes in organolead trihalide perovskites [J]. Advanced Materials, 2014, 26 (10): 1584-1589.

[331] NREL. chart. http: //www. nrel. gov/ncpv/images/efficiency_ chart.

[332] EPERON G E, BURLAKOV V M, DOCAMPO P, et al. Morphological control for high performance, solution-processed planar heterojunction perovskite solar cells [J]. Advanced Functional Materials, 2014, 24 (1): 151-157.

[333] CHEN Q, ZHOU H, HONG Z, et al. Planar heterojunction perovskite solar cells via vapor-assisted solution process [J]. Journal of the American Chemical Society, 2014, 136 (2): 622-625.

[334] DUALEH A, TETREAULT N, MOEHL T, et al. Effect of annealing temperature on film morphology of organic-inorganic hybrid perovskite solid-state solar cells [J]. Advanced Functional Materials, 2014, 24 (21): 3250-3258.

[335] WANG Y, SONG N, FENG L, et al. Effects of organic cation additives on the fast growth of perovskite thin films for efficient planar heterojunction solar cells [J]. ACS Applied Materials & Interfaces, 2016, 8 (37): 24703-24711.

[336] NOH J H, IM S H, HEO J H, et al. Chemical management for colorful, efficient, and

stable inorganic-organic hybrid nanostructured solar cells [J]. Nano Letters, 2013, 13 (4): 1764-1769.

[337] SEO J, PARK S, KIM Y C, et al. Benefits of very thin PCBM and LiF layers for solutionprocessed p-i-n perovskite solar cells [J]. Energy & Environmental Science, 2014, 7 (8): 2642-2646.

[338] YANG W S, PARK B W, JUNG E H, et al. Iodide management in formamidinium-lead-halide-based perovskite layers for efficient solar cells [J]. Science, 2017, 356 (6345): 1376-1379.

[339] DONG Y, LI W, ZHANG X, et al. Highly efficient planar perovskite solar cells via interfacial modification with fullerene derivatives [J]. Small, 2016, 12 (8): 1098-1104.

[340] BI C, SHAO Y, YUAN Y, et al. Understanding the formation and evolution of interdiffusion grown organolead halide perovskite thin films by thermal annealing [J]. Journal of Materials Chemistry A, 2014, 2 (43): 18508-18514.

[341] HUANG L, HU Z, XU J, et al. Multi-step slow annealing perovskite films for high performance planar perovskite solar cells [J]. Solar Energy Materials and Solar Cells, 2015, 141: 377-382.

[342] XIAO Z, DONG Q, BI C, et al. Solvent annealing of perovskite-induced crystal growth for photovoltaic-device efficiency enhancement [J]. Advanced Materials, 2014, 26 (37): 6503-6509.

[343] LI F, YUAN J, LING X, et al. A universal strategy to utilize polymeric semiconductors for perovskite solar cells with enhanced efficiency and longevity [J]. Advanced Functional Materials, 2018, 28 (15): 1706377.

[344] JIANG Y, TU L, LI H, et al. A feasible and effective post-treatment method for high-quality $CH_3NH_3PbI_3$ films and high-efficiency perovskite solar cells [J]. Crystals, 2018, 8 (1): 44.

[345] AHN N, SON D Y, JANG I H, et al. Highly reproducible perovskite solar cells with average efficiency of 18.3% and best efficiency of 19.7% fabricated via lewis base adduct of lead (II) iodide [J]. Journal of the American Chemical Society, 2015, 137 (27): 8696-8699.

[346] SINGH T, OEZ S, SASINSKA A, et al. Sulfate-assisted interfacial engineering for high yield and efficiency of triple cation perovskite solar cells with alkali-doped TiO_2 electron-transporting layers [J]. Advanced Functional Materials, 2018, 28 (14): 1706287-1706296.

[347] ZHENG D, ZHAO L, FAN P, et al. Highly efficient and stable organic solar cells via interface engineering with a nanostructured ITR-GO/PFN bilayer cathode interlayer [J]. Nanomaterials, 2017, 7 (9): 233.

[348] BI C, WANG Q, SHAO Y, et al. Non-wetting surface-driven high-aspect-ratio crystalline grain growth for efficient hybrid perovskite solar cells [J]. Nature communications, 2015,

6: 7747.

[349] XIA Y, SUN K, CHANG J, et al. Effects of organic inorganic hybrid perovskite materials on the electronic properties and morphology of poly (3, 4-ethylenedioxythiophene): poly (styrenesulfonate) and the photovoltaic performance of planar perovskite solar cells [J]. Journal of Materials Chemistry A, 2015, 3 (31): 15897-15904.

[350] LEONG W L, OOI Z E, SABBA D, et al. Identifying fundamental limitations in halide perovskite solar cells [J]. Advanced Materials, 2016, 28 (12): 2439-2445.

[351] ALBRECHT S, JANIETZ S, SCHINDLER W, et al. Fluorinated copolymer PCPDTBT with enhanced Open-Circuit voltage and reduced recombination for highly efficient polymer solar cells [J]. Journal of the American Chemical Society, 2012, 134 (36): 14932-14944.

[352] GOH C, KLINE R J, MCGEHEE M D, et al. Molecular-weight-dependent mobilities in regioregular poly (3-hexyl-thiophene) diodes [J]. Applied Physics Letters, 2005, 86 (12): 122110.

[353] GUPTA D, MUKHOPADHYAY S, NARAYAN K S. Fill factor in organic solar cells [J]. Solar Energy Materials and Solar Cells, 2010, 94 (8): 1309-1313.

冶金工业出版社部分图书推荐

书　名	作　者	定价(元)
非真空法制备薄膜太阳能电池	王　月　王春杰	25.00
废旧锂离子电池钴酸锂浸出技术	罗胜联　曾桂生　罗旭彪	18.00
锂离子电池磷酸盐系材料	常龙娇　王　闯　姚传刚　等	49.00
锂硫电池原理及正极的设计与构建	张义永	98.00
钕铁硼和镍氢电池两种废料中有价 　元素回收的研究与应用	邓永春	49.00
太阳电池硅材料	唐雅琴	55.00
燃料电池及其应用	隋智通　隋　升　罗冬梅	28.00
铅蓄电池制造专用设备	蒋仲安　王亚朋　张国梁	58.00
激光技术与太阳能电池	王　月　王　彬　王春杰	54.00
锂离子电池用纳米硅及硅碳负极材料	罗学涛　刘应宽　甘传海	99.00
锂离子与钠离子电池负极材料的 　制备与改性	李　雪	118.00
废旧锂离子电池再生利用新技术	董　鹏　孟　奇　张英杰	89.00
直接乙醇燃料电池催化剂材料及 　电催化性能	郭瑞华	49.00
直接乙醇燃料电池和葡萄糖氧化 　所需阳极催化剂的研究	孙　芳	37.00
锂电池及其安全	王兵舰　张秀珍	88.00